露天煤矿设计方法

主　编　王建鑫
副主编　王　华　辛利朝
　　　　张　磊　张　衡

U0217963

天津大学出版社
TIANJIN UNIVERSITY PRESS

内 容 提 要

本书紧密结合露天煤矿开采特点,对设计程序、设计方法等方面的基本理论与实践做了较为系统的阐述,主要对边坡稳定、境界设计、系统设计、采剥进度计划、生产剥采比均衡进行归纳总结,同时结合边坡稳定软件(如 GeoStudio、FLAC3D)和三维矿业软件(如 GEOVIA Surpac、3Dmine)对工程辅助设计环节进行说明。

本书内容具有很强的综合性和实践性,可作为露天煤矿工程技术人员的指导手册,也可作为露天开采专业的本科生以及煤炭企业的负责人和管理人员的参考用书。

图书在版编目(CIP)数据

露天煤矿设计方法 / 王建鑫主编;王华等副主编 .—
天津:天津大学出版社,2023.4
ISBN 978-7-5618-7433-2

Ⅰ.①露… Ⅱ.①王… ②王… Ⅲ.①露天矿—矿山
设计 Ⅳ.① TD216

中国国家版本馆 CIP 数据核字(2023)第 052826 号

出版发行	天津大学出版社
地 址	天津市卫津路 92 号天津大学内(邮编:300072)
电 话	发行部:022-27403647
网 址	www.tjupress.com.cn
印 刷	北京盛通商印快线网络科技有限公司
经 销	全国各地新华书店
开 本	787 mm × 1092 mm 1/16
印 张	7.75
字 数	184 千
版 次	2023 年 4 月第 1 版
印 次	2023 年 4 月第 1 次
定 价	45.00 元

作者介绍

主编：

王建鑫

1987—，内蒙古巴彦淖尔人，工程师，鄂尔多斯市标准化专家。2011 年毕业于内蒙古科技大学采矿工程专业，获得学士学位。2021 年被准格尔旗总工会评为准格尔工匠。先后在《露天采矿技术》期刊上发表《露天煤矿基于 FLAC3D 靠帮开采可行性方案》《线性规划在露天煤矿运输规划中的应用》等十余篇论文，获得国家发明专利 2 项，所开发的露天采矿测算软件 ECO MINE 获得国家版权局软件著作权。现任内蒙古锦泰川宏煤炭有限公司总工程师。

长期研究和推动三维矿业软件 GEOVIA Surpac 和 3Dmine 在构建块体模型和制定中长期规划中的应用，以及使用 FLAC3D 边坡稳定软件进行露天煤矿边坡稳定性分析与研究，是本著作的主要撰写人。

副主编：

王 华

1983—，湖北黄石人，高级工程师。2009 年毕业于中国矿业大学（北京）采矿工程专业，获得硕士学位。在《露天采矿技术》期刊上发表《露天开采混合装药波浪式爆破技术》《纳林庙灾害治理项目治理首区工作线长度优化》等论文。现任伊泰伊犁矿业有限公司执行董事、总经理兼矿长。

长期研究和推动三维矿业软件 GEOVIA Surpac 和 3Dmine 在构建钻孔数据库和制定长远矿山战略规划中的应用，并致力于露天采矿方法在三维矿业软件 3Dmine 中的应用和推广，是本著作的联合撰写人。

辛利朝

1985—，河北邯郸人，采矿工程师，一级造价师，绿色矿山工程师（高级），毕业于中国地质大学安全工程专业，现任鄂尔多斯市达拉特旗黑塔沟瑞光煤矿矿长。

长期研究和推动三维矿业软件 3Dmine 在露天煤矿生产计划中的应用，并致力于无人机测量系统在露天煤矿中的应用和研究，是本著作的联合撰写人。

张 磊

1987—，内蒙古巴彦淖尔人，中级工程师。2010 年毕业于中国矿业大学测绘工程专业，获得学士学位。现任内蒙古伊泰纳林庙灾害治理有限公司总工程师兼副总经理。

长期致力于 Maptek 和 3Dmine 矿业软件在露天煤矿中的推广和使用，以及 I-Site 激光扫描仪和无人机在露天煤矿中的应用与研究，是本著作的联合撰写人。

张 衡

1983—,四川成都人,高级工程师,智能化矿山建设专家。2006年本科毕业于西南科技大学采矿工程专业,2015年取得北京科技大学矿业工程硕士学位。获得软件著作权6项,专利12项。现任鄂尔多斯市腾远煤炭有限责任公司总经理。

熟练掌握GEOVIA Surpac、Micromine、3Dmine等矿业软件,致力于打造安全高效、零碳智能、绿色健康的智能矿山技术体系,主持的"露天矿低碳无人装备与智能采运销一体化关键技术"项目荣获绿色矿山科技进步一等奖,是本著作的联合撰写人。

序一

采矿工程是一项系统性工程,包括测量工程、地质工程、爆破工程、边坡工程、运输工程等。本专著系统地介绍了露天煤矿的设计方法,其一大特点是理论联系实践,露天开采理论既要指导工程实践,又要在实践中进行检验,决不能脱节于实践,这样才有助于露天开采理论的发展。

当下露天煤矿发展面临的困难是用地问题,采矿设计不仅要考虑理论规范,而且要结合用地的实际情况去分析论证。随着国家对林地、草地、采矿用地的逐渐规范,对自然保护区等的限制开发,露天煤矿的工程设计也要与时俱进,与实践相结合。本专著在论述露天煤矿设计方法时也对用地管理进行了讲解,符合当下露天煤矿发展面临的实际情况。

矿业工程的发展离不开每一位采矿人,无论是学者、教授还是一线工程技术人员,感谢他们为采矿事业的发展贡献着他们的力量!

安徽理工大学

张明

博士、副教授

序二

译文：

随着露天采矿技术的发展，先进的矿业软件结合科学的采矿设计方法极大地提高了采矿工作效率，在资源开采过程中发挥着更为强劲的作用。本著作系统地讲解了露天煤矿的设计方法，希望能为更多的工程技术人员提供参考。

蒙古国巴音孟克科技发展投资有限责任公司

查干巴特尔　总经理

前　　言

  在 2020 年 9 月份的第七十五届联合国大会一般性辩论上,我国首次明确提出碳达峰和碳中和的目标。为适应新形势、新背景下煤矿的安全、绿色、高质量发展,编者结合工作经验对露天煤矿的规划设计进行总结和归纳,以期为露天煤矿工程技术人员提供参考。

  本书是在总结露天煤矿专家和学者理论、观点的基础上结合编者一线工作经验编纂完成的。本书从工程实践的角度对露天煤矿设计流程、理论进行了归纳、总结、阐释,并结合目前应用比较广泛的矿业、岩土工程软件以实例形式进行了设计分析。

  由于编者水平有限,有些方面介绍得比较简单甚至不足,难免有错误之处,恳切希望得到读者的批评和指正,同时希望露天采矿行业的工作者安全工作、身体健康,盼望我国的露天采矿事业更上一个台阶。

王建鑫

2023 年 1 月

目　　录

第一章 露天煤矿设计程序

露天煤矿开采实质上是以采煤为核心,以地质、测量工作为辅,以研究和利用煤岩移动规律为主,采用经济、安全、科学、绿色的方法将煤炭资源回收并做好生态修复工作的一门技术学科。所以,露天煤矿设计是以研究和利用煤岩移动规律为主要内容,依托地质和测量基础数据,采用经济、安全、科学、绿色的方法,设计圈定煤岩采剥量的工作。

第一节 设计的指导思想

一、经济可行

露天煤矿设计前首先要考虑矿山的整体经济性,以经济效益为目的确定露天煤矿开采境界(简称露天开采境界),以经济效益为目的不是单纯追求经济效益,必须在符合矿区总体规划,保证矿山安全,符合矿区生态恢复要求、安全生产标准化和绿色矿山建设等前提下,在工艺、技术、安全、环保、生态等方面的约束条件下寻求最佳方案。

二、资源综合利用

《中华人民共和国矿产资源法》第二十九条规定:"开采矿产资源,必须采取合理的开采顺序、开采方法和选矿工艺。矿山企业的开采回采率、采矿贫化率和选矿回收率应当达到设计要求。"在露天煤矿开采过程中决不能"挑肥拣瘦、采富弃贫、采厚弃薄、采易弃难"。煤炭是不可再生资源,开采回采率要达到甚至超过设计标准,对夹矸层数多的煤层要分层采选,对巷道煤、水锈煤要提高入洗率,对具有工业价值的共伴生矿产资源应当综合开发和利用。此外,按照减量化、再利用、资源化的原则,科学利用固体废弃物、废水等。

三、安全合规

安全生产是煤矿永恒的主题。必须严格执行矿山行业法律法规,不得超层越界开采。超层越界开采是指采矿权人擅自超出采矿许可证载明的矿区范围(含平面范围和开采深度)开采矿产资源的行为。根据《矿产资源开采登记管理办法》第三十二条,矿区范围是指登记管理机关依法划定的可供开采矿产资源的范围、井巷工程设施分布范围或者露天剥离范围的立体空间区域。

采矿的年度、月度设计和生产要合法合规。根据《煤矿重大事故隐患判定标准》（中华人民共和国应急管理部令第 4 号）第四条的规定，煤矿全年原煤产量超过核定（设计）生产能力幅度在 10% 以上，或者月原煤产量大于核定（设计）生产能力的 10% 的属于煤矿重大事故隐患。露天矿开采设计时可以根据剥离洪峰的剥采比进行生产剥采比均衡，但均衡后的年度或月度采矿量不得大于煤矿核定生产能力的 10%。

四、边坡稳定

煤矿露天开采和井工开采从矿产资源开采角度来看是一致的，工艺上都是先掘岩后采煤，先掘运输通道，后掘开采工作面。从围岩力学角度来看，井工煤矿的矿山压力问题相当于露天煤矿的边坡稳定问题：矿山压力具有周期性，边坡稳定具有时效性；井工煤矿矿压显现是因巷道下部没有受力支撑，从而产生压力，露天煤矿边坡失稳是因边坡侧向没有受力支撑，从而发生破坏。露天煤矿和井工煤矿的开采过程实质上都是原岩体从应力平衡分布到开采破坏导致应力重新分布最后逐渐达到新平衡的过程。所以，采矿活动从始至终都离不开岩土力学。

边坡稳定是一个复杂的力学变化问题，边坡稳定性分析过程不能完全模拟边坡真实的地质状况，但是可以根据矿区地质构造、岩层赋存、力学指标对矿区岩石力学进行综合判定，最大限度地对影响边坡稳定的关键参数进行还原，边坡稳定的安全系数受客观不确定因素制约，无法准确量度，但可以通过定性、定量的方法逼近其真实值，为下一步境界圈定、最终帮坡角选取以及日常采矿设计提供依据，同时在生产过程中要定期进行稳定性分析和评价，它直接关系着露天矿的境界设计、经济效益和安全生产，尤其对于存在老采空区和开展端帮采煤的露天煤矿应强化边坡稳定性分析。根据《煤炭工业露天矿设计规范》（GB 50197—2015），采掘场边坡角度（简称边坡角）直接影响着矿建工程量和生产剥采比的大小，其对评价一个露天煤矿的经济合理性有着重要影响。所以，边坡设计应以可靠的工程地质资料和岩石物理力学性能试验数据为基础，否则可能造成重大经济损失或灾难性生产事故。

露天采矿设计从初始的境界圈定、帮坡角选取到日常边坡设计、台阶设计、采矿计划无不与边坡稳定有着密切联系。矿床的初步设计是概略性、可行性的设计阶段，其中帮坡角根据矿床已有的力学指标确定；在日常生产过程中，边坡已经被揭露，人们可以更为全面地获取边坡形态、岩层产状、地质构造、力学指标等信息，应结合已揭露边坡的状态，对边坡进行稳定性分析、评价。在生产过程中采剥台阶、排土台阶、到界边坡设计以及开采优化均无一例外地涉及边坡设计，可以说露天开采设计与边坡稳定密不可分，边坡稳定是露天开采设计的前提，如果不能科学地对边坡稳定情况进行分析、评价，采矿设计将会失去理论支撑，变得没有意义。

五、统筹规划

露天煤矿采矿设计应统筹规划，秉持"由全局到局部，先整体后具体"的思想，从全局出发先制定露天煤矿生命周期的目标、规划，然后分层次、分要素进行详细规划，比如说智能化矿山建设、绿色矿山建设应统筹全局制定,分步分项实施;再如在露天矿群集中区域可以从全局角度考虑集中连片治理,开采过程资源共享,如尾坑和排土场能共享的做到共享,开采后生态恢复整体一致。

先整体后具体即首先对矿山整体形成的采排形态进行长远规划,然后从年度规划、月度计划开始具体实施。

开展长远规划可以使得采剥、排土、复垦工序按照既定目标有序推进,实现排土场最终形态整体划一,平盘有序划分,最终排土形态与周边地形和地貌相协调,形成利于林草植被恢复的地表条件,平台整齐划一、台阶有序划分,工程措施整齐有序,植物措施协调一致,最终形成采→排→复有序发展的循环过程。《煤炭工业露天矿设计规范》(GB 50197—2015)第16.3.3条规定:土地复垦工艺应与露天煤矿开采工艺相统一,并应纳入露天煤矿生产统一管理;复垦后的地形,应与周边环境和小区域地表水系保持协调。合理的统筹设计思路,可以最大限度避免生产过程中采排接续紧张,采、排、复衔接失衡,减小给安全生产、生态恢复带来的负面影响。

六、用地先行

露天煤矿开工建设前应对林地、草地、建设用地进行合理规划,避免出现用地与开采规划相互矛盾的现象。对新建或改扩建矿井,应先行将工业广场用地纳入国土空间规划,开展用地预审前期工作,办理林地和草地的审批手续,办理压覆矿产查询、文物核查、水源地核查以及生态红线核查的手续,对采矿用地也应先行报批方可使用土地。这里有三个不得占用:一是不得占用自然保护区、饮用水水源保护区;二是不得占用"三区三线"("三区"即农业、生态、城镇三个空间,"三线"即永久基本农田、生态保护红线和城镇开发边界);三是不得占用基本草原。露天矿不同于其他工业行业,也不同于井工矿。露天矿的生产运行紧密围绕着土地使用,从矿山基础建设起至闭坑复垦为止,就是一个土地循环使用的过程,所以说露天矿运营与土地使用是互相依存的关系。这里说的土地从审批上来说包括林地、草地、采矿用地,从土地使用性质上来说分为建设用地、农用地、未利用地三大类,所以说露天矿无论是规划设计还是生产建设一定要用地先行。

《中华人民共和国土地管理法实施条例》(2021年7月2日中华人民共和国国务院令第743号第三次修订)第二十条规定:"建设项目施工、地质勘查需要临时使用土地的,应当尽量不占或者少占耕地。临时用地由县级以上人民政府自然资源主管部门批准,期限一般不超过二年。"第二十五条规定:"建设项目需要使用土地的,建设单位原则上应当一次申请,办理建设用地审批手续,确需分期建设的项目,可以根据可行性研究报告确定的方案,分期申请建设用地,分期办理建设用地审批手续。建设过程中用地范围确需调整的,应当依法办理建设用地审批手续。"所以,露天矿的工程计划要结合甚至涵盖用地报批计划,露天矿的生产建设应与土地分期报批计划相协调,对存在古遗址、基本草原的,工程设计时应视报批进度或安全距离及时调整采剥计划。

《中华人民共和国基本农田保护条例》第十七条规定:"禁止任何单位和个人在基本农

田保护区内建窑、建房、建坟、挖砂、采石、采矿、取土、堆放固体废弃物或者进行其他破坏基本农田的活动。"《中华人民共和国土地管理法实施条例》（2021年7月2日中华人民共和国国务院令第743号第三次修订）第二十四条规定："建设项目确需占用国土空间规划确定的城市和村庄、集镇建设用地范围外的农用地,涉及占用永久基本农田的,由国务院批准。"所以,露天煤矿土地证办理是开采的前提,只有在依法办理用地审批后方可开展矿山工程活动。

第二节　设计的基本方法

1. 类比法
类比法即利用相似矿山的参数（如台阶高度、爆破参数等）进行设计。

2. 枚举法
根据矿山的地质条件、生产能力,列出两到三个方案,从经济性、生产复杂程度等方面进行比较,选出一种经济合理的方案。露天煤矿拉沟位置的确定常常采用这种方法。

3. 最优化法
利用工程数学、模糊数学等方法对生产系统构建数学模型,求出最优解。在多约束条件下寻找最优技术方案（如运输路径优化、境界优化等）常采用这种方法。

第三节　设计的主要内容

矿山工程一般分两个阶段进行设计,即初步设计与施工设计。初步设计一般由具有煤炭类工程设计资质的单位设计并经煤炭主管部门批准,施工设计主要由煤矿工程技术人员进行设计。由于初步设计是在煤矿施工之前根据现有资料编制的指导性文件,在实际施工过程中,可能遇到参数变化、地质条件变化等诸多问题,那么就需要工程技术人员根据实际情况进一步进行设计,施工设计既是对初步设计的验证也是具体指导施工的工作指南。

初步设计与施工设计的程序基本一致,但施工设计更为具体,它分长远期计划、短期计划和日常作业计划。长远期计划是露天矿的顶层设计,可以根据露天煤矿生命周期进行制订,对最终坑、最终采排位置进行规划。露天煤矿一般采用3~5年的长远期计划,每期为1年,为近几年矿山的生产目标和生产次序制订进度计划,根据矿山计划及市场情况对经营预算、资金、投资进行统筹安排,对煤矿生产接续、用地接续做出合理布局。短期计划一般为月度计划和季度计划,通常时间总跨度为1年。短期计划更为具体,在中长期的规划设计下,有节奏、有次序地进行短期设计,可对矿区的剥离工程、采煤工程、用地计划、生活区、变电所、专业线路管路、辅助设施选址建设进行详细布局,对矿区内的构筑物、交通设施、文物遗址保安距离及移设避让工作提前论证。短期计划是将年度工程计划细分,按照计划具体实施,以完成全年计划目标,也是对长远期计划的可行性验证,是采排过程的模拟推演,通过推算预演提前发现问题并提出解决方案,如图 1-1 所示为长远期计划最终坑设计。

图 1-1　露天煤矿最终坑设计

本书结合专家、学者的理论,按照编者的工程实践做了一个较为系统的工程设计,设计包括以下内容。

（1）边坡稳定。边坡稳定是露天煤矿设计的首要工作,它是构建露天煤矿设计轮廓的前提条件。边坡安全系数是边坡稳定性评价的关键指标,其合理取值是露天煤矿经济性和安全性的衡量结果:边坡角选取过大,安全系数降低,可能造成边坡失稳,危及露天煤矿的安全生产;边坡角选取过小,虽然安全系数提高了,但会因技术问题导致经济损失。

（2）境界设计。当确定了边坡最终帮坡角后,则可以开展境界设计。边坡角约束了地表境界和底部境界的空间关系,但对地表和底部境界的横向和纵向位置没有进行约束,所以要结合露天煤矿煤层赋存条件对地表和底部境界进行限定,同时要满足矿山的总体盈利目标,所以境界设计是确定矿山经济可采的前提,是保障矿山赢利的红线。

（3）系统设计。确定了境界,即确定了露天煤矿的整体轮廓,这时需要对露天煤矿境界内进行采区划分,设置工作线,布置采剥台阶,对钻爆、采剥、运输、排土、复垦等关键环节进行设计。

（4）采剥进度计划。它是在矿山服务周期内对各项设计、采排次序的具体安排,是指导开采的程序文件。

（5）生产剥采比均衡。它是针对进度计划的优化调整,通过调整生产剥采比,一方面推迟剥离高峰期的到来,另一方面使得露天煤矿大型设备数量长期处于稳定状态。

第二章　露天煤矿边坡稳定

　　露天煤矿的采矿过程实质上是原岩体的采动破坏过程,从原始地貌的原岩状态到采矿过程的岩体破坏变形状态再到最后回填稳定状态;原岩体采动破坏过程既是边坡的形态变化过程,也是原岩体受力状态的一个变化过程,即边坡岩体受力从原岩应力到循环载荷、弹塑性变形、蠕变到最终力学稳定的过程,所以露天煤矿全周期的生产过程是露天煤矿边坡形态和受力状态变化的过程。

　　露天煤矿边坡与建筑工程边坡的最大区别在于露天煤矿的边坡具有动态性和时效性,这决定了露天煤矿的边坡稳定更加复杂多变,由于露天煤矿具有边坡开挖后暴露面积大以及边坡持续扰动的特性,一旦发生事故,有很大概率会发生群死群伤事故,严重影响露天煤矿的安全生产。2001 年以来全国发生露天矿采场和排土场边坡坍塌重大事故 7 起,死亡142 人,在所有矿山事故中居前三。2017 年 8 月 11 日,晋能集团山西煤炭运销集团和顺昌鑫煤业有限公司(露天煤矿)四采区 A6、A7 区段西帮发生边坡滑坡事故,造成 9 人死亡,1人受伤,直接经济损失达 3 432 万元。2022 年 7 月 23 日,甘肃泓胜煤业有限责任公司露天煤矿发生边坡坍塌事故,造成 10 人死亡,7 人受伤,惨痛的事故教训再次证明露天煤矿边坡失稳是露天煤矿安全生产中的重大事故隐患。

第一节　边坡稳定性分析方法

一、边坡稳定分析方法的分类

　　目前用于判定边坡稳定性的分析方法很多,主要有以下两类:

　　(1)定性分析法,包括工程地质类比法、边坡稳定性图解法等;

　　(2)定量分析法,包括刚体极限平衡法、应力应变分析法等。

　　工程地质类比法是最早用于判定边坡稳定性的方法,主要通过调查矿区地质地貌、岩体结构、地震历史、岩石种类、水系等因素,结合相似矿山进行综合对比分析,以初步判定边坡角的范围。

　　刚体极限平衡法是较为常用的边坡稳定性分析方法。边坡稳定性分析应以刚体极限平衡法为基本计算方法,对边坡同一位置的稳定性安全系数应采用两种以上方法计算获得,并进行对比和验证。对于土质边坡和强度极低的岩层、散体结构或碎裂结构的岩质边坡,当滑动面为圆弧形时,宜采用简化毕肖普法（Simplified Bishop Method）和摩根斯坦 - 普赖斯法（Morgenstern-Price Method）进行稳定性计算。本书主要讨论刚体极限平衡法。边坡稳定性分类见表 2-1,边坡稳定系数 K 见表 2-2。

表 2-1　边坡稳定性分类（GB/T 37573—2019）

边坡稳定性安全系数 F	$F < 1.00$	$1.00 \leqslant F < F_{st}$	$F \geqslant F_{st}$
边坡稳定性状态	不稳定	基本稳定	稳定

注:F_{st} 指边坡稳定安全系数的限值。

表 2-2　边坡稳定系数 K（GB/T 50197—2015）

边坡类型	服务年限(a)	稳定系数 K
边坡上有特别重要的建筑物或边坡滑落会造成生命财产重大损失者	>20	>1.5
采掘场最终边坡	>20	1.3~1.5
非工作帮边坡	<10 10~20 >20	1.1~1.2 1.2~1.3 1.3~1.5
工作帮边坡	临时	1.05~1.2
外排土场边坡	>20	1.2~1.5
内排土场边坡	<10 $\geqslant 10$	1.2 1.3

二、刚体极限平衡法

　　刚体极限平衡法具有计算方式简单、计算过程快速的特点。极限平衡法理论体系在发展过程中出现过一系列简化计算方法,如毕肖普法、陆军工程师团法、瑞典法等,不同的计算方法,其力学机理均有所不同。随着技术进步,出现了求解步骤更为严格的分析方法,如摩根斯坦 - 普赖斯法、斯潘塞（Spencer）法等,其中毕肖普法是考虑了分条间力的作用进而求解安全系数的,每个分条的力都处于平衡状态,整个滑体的力矩处于平衡状态,但单个分条力矩的平衡条件没有被考虑。摩根斯坦 - 普赖斯法的特点是考虑了全部边界条件和平衡条件,消除了计算方法上的误差,所计算滑动面的形状为任意形状。

　　边坡稳定计算结果与地质构造、岩石成分、岩石含水率、岩石渗透性、岩石膨胀性、岩石崩解性、岩石软化性、岩石抗冻性、岩石节理裂隙、岩层倾角、水裂隙、地震、边坡形状、风化、生产扰动等因素有关,因为岩石具有流变性,边坡稳定与边坡的暴露时间也有关系,边坡稳定的各种理论和公式都是尽可能地模拟岩石的滑动破坏结果,真实的边坡破坏情形是较为复杂的,所以边坡稳定计算结果接近而不是真实的边坡变化情形。

　　露天煤矿边坡稳定是一个动态变化过程,随着开采深度增大,边坡岩体面充分暴露,有利于进一步判定岩体质量,结合开采条件和边坡服务与暴露时间,可以对初步设计中的边坡角度做进一步论证。

第二节　极限平衡理论与分析方法

一、极限平衡理论

(一)边坡稳定安全系数的定义

边坡稳定安全系数(简称稳定系数或安全系数)是表征边坡稳定程度的指标,是抗滑力与滑动力之比或抗滑力矩与滑动力矩之比,用字母 F 表示。

(二)摩尔 - 库仑(Mohr-Coulomb)强度准则

1773 年法国科学家库仑(Coulomb)根据砂土试验,将土的抗剪强度 τ_f(kPa)表示为 $\tau_f = \sigma \tan \phi$,其中 σ 为滑动面上法向总应力(kPa),后又提出黏性土更为普通的公式:

$$\tau_f = c + \sigma \tan \phi \tag{2-1}$$

式中　c——土的黏聚力,kPa;

　　　ϕ——土的内摩擦角,°。

这就是著名的库仑公式,满足这个公式的极限平衡条件称为摩尔 - 库仑强度准则。从库仑公式可以看出,无黏性土的抗剪强度与剪切面上的法向应力成正比,也就是说,土粒之间的滑动摩擦以及凹凸面之间的镶嵌作业产生的摩擦阻力,其大小取决于土粒表面的粗糙程度、密实度、颗粒级配等因素。黏性土的抗剪强度由两部分组成,一部分是与法向应力成正比的摩擦力,另一部分是土粒之间的黏聚力,它是由黏性土粒之间的胶结作用和静电应力效应等因素引起的。

黏性土的抗剪强度指标一般变化较大,土体的内摩擦角为 0°~30°,内聚力为 10~200 kPa。对于均质无黏性边坡土体,理论上边坡的稳定性与边坡高度无关,当边坡角与内摩擦角相等时,边坡处于极限平衡状态,这时的边坡角即为临界边坡角,理论上也叫自然安息角或自然休止角。在实际工程中,土体很少存在没有黏聚力的砂土,因存放时间、存放高度、表面黏结力、粒间凹凸咬合等因素,土体或多或少存在一定的黏聚力,也就是说,在自然界中自然安息角要略大于理论的临界边坡角。

假如岩土体某段顺着某滑动面发生滑动。该段在这个滑动面各处均达极限平衡,就是 σ 和 τ 遵循摩尔 - 库仑强度准则。

摩尔 - 库仑强度准则一般能较好地反映岩石的塑性破坏机制,在工程中应用较广。

若用 σ 和 τ 分别代表受力单元某一平面上的正应力和剪应力,则摩尔 - 库仑强度准则规定:当 τ 达到如下大小时,该单元就会沿此平面发生剪切破坏,即

$$|\tau| = f\sigma + c$$

式中　c——黏聚力;

　　f——内摩擦系数。

　　引入内摩擦角 ϕ，并定义

$$f = \tan \phi$$

　　式（2-1）的函数在 τ-σ 平面上是一条斜率 $f = \tan \phi$、截距为 c 的直线，剪切面上的正应力和剪应力分别由应力圆给出，如图 2-1 所示，当此应力圆与式（2-1）所表示的直线相切时，即发生破坏。

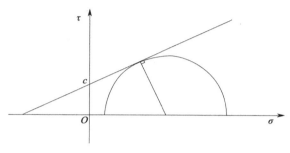

图 2-1　摩尔应力圆

　　由上可知，岩土体沿某一滑动面滑动的边坡稳定安全系数 F 的物理含义是当岩土体的抗剪强度指标减小至 c'/F 和 $\tan \phi'/F$（分别用 c'_e 和 $\tan \phi'_e$ 表示）时，岩土体在滑动面各处都处于极限平衡，用公式表示为

$$\tau = c'_e + \sigma'_n \tan \phi'_e \tag{2-2}$$

式中　σ'_n、τ——滑动面上的正应力和剪应力。

（三）极限平衡法的原理

　　极限平衡的各种方法都有各自的适用范围及假定条件，且得出的计算公式所涉及的因素各不相同。极限平衡法有以下三个前提。

　　（1）滑动面上实际岩土提供的抗剪强度 s 与作用在滑动面上的垂直应力 σ 存在如下关系：

$$s = c + \sigma \tan \phi \tag{2-3}$$

或

$$s = c' + (\sigma - U) \tan \phi' \tag{2-4}$$

式中　c、c'——滑动面的黏结力和有效黏结力；

　　　　ϕ、ϕ'——滑动面的内摩擦角和有效内摩擦角；

　　　　σ——滑动面的有效应力；

　　　　U——滑动面的裂隙水压。

　　（2）稳定系数 F 的定义为沿最危险破坏面作用的抗滑力（或力矩）与下滑力（或力矩）的比值，即

$$F = \frac{抗滑力}{下滑力} \tag{2-5}$$

（3）二维（平面）极限分析的基本单元是单位宽度的分块滑体。

二、极限平衡分析方法

（一）平面破坏计算法

平面破坏计算法适用于均质砂土、顺层岩质边坡以及沿基岩产生的平面破坏的稳定性分析，平面破坏计算法分析模型见图2-2。

由图2-2知，滑体上的作用力有滑体的重力 W、滑动面上的法向力 N、滑动面的裂隙水压 U、抗滑力 S、作用在滑体重心上的水平力（如地震力）Q_A、张裂隙孔隙水压力 V，计算模型的假定条件具体见文献 [32]。

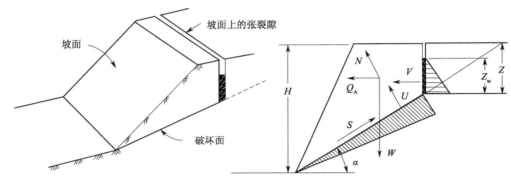

图2-2　平面破坏计算法分析模型

由滑动面法向（N 方向）力平衡 $\sum \vec{N} = 0$ 得

$$N + Q_A \sin \alpha - W \cos \alpha + V \sin \alpha = 0 \tag{2-6}$$

由滑动面切向（S 方向）力平衡 $\sum \vec{S} = 0$ 得

$$Q_A \cos \alpha + W \sin \alpha + V \cos \alpha - S = 0 \tag{2-7}$$

由摩尔 - 库仑强度准则及边坡稳定安全系数的定义得

$$S = \frac{1}{F}\left[cl + (N - U)\tan \phi \right] \tag{2-8}$$

将式（2-6）中的 N 代入式（2-8）得

$$S = \frac{1}{F}\left[cl - (Q_A \sin \alpha - W \cos \alpha + V \sin \alpha + U)\tan \phi \right] \tag{2-9}$$

将式（2-7）中的 S 代入式（2-9）并整理得

$$F = \frac{cl - (Q_A \sin \alpha - W \cos \alpha + V \sin \alpha + U)\tan \phi}{Q_A \cos \alpha + W \sin \alpha + V \cos \alpha} \tag{2-10}$$

其中

$$U = \frac{1}{2}\gamma_w Z_w (H - Z)\csc \alpha , \quad V = \frac{1}{2}\gamma_w Z_w$$

式中　c——滑动面的黏结力；

ϕ——滑动面的内摩擦角；

α——滑动面的倾角；

l——滑动面的长度，$l = (H - Z) \csc \alpha$；

γ_{w}——裂隙水容重；

F——稳定系数。

（二）简化毕肖普法

毕肖普法是一种适合圆弧形破坏滑动面的边坡稳定性分析方法，它不要求滑动面为严格的圆弧，近似于圆弧即可。毕肖普法力学模型如图 2-3 所示。

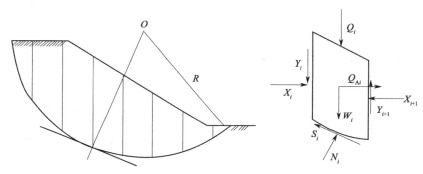

图 2-3　毕肖普法力学模型

条块垂直方向的力学平衡方程为

$$（Y_i - Y_{i+1}）\tan \phi_i = 0$$

由图 2-3 可知，滑体的条块上的作用力有分块的重力 W_i，作用在分块上的地面载荷 Q_i，作用在分块上的水平作用力（如地震力）$Q_{\mathrm{A}i}$，条间作用力的水平分量 X_i、X_{i+1}，条间作用力的垂直分量 Y_i、Y_{i+1}，条块底面的抗剪力（抗滑力）S_i，条块底面的法向力 N_i，计算模型的假定条件具体见文献 [32]。

由条块垂直方向的力学平衡方程 $\sum \vec{Y} = 0$ 得

$$W_i - N_i \cos \alpha_i + Y_i - Y_{i+1} - S_i \sin \alpha_i + Q_i = 0 \tag{2-11}$$

由摩尔 - 库仑强度准则得

$$S_i = \frac{1}{F}\left[c_i l_i + (N_i - u_i l_i)\tan \phi_i\right] \tag{2-12}$$

由式（2-11）和式（2-12）可得

$$N_i = \frac{1}{m_i}\left(W_i + Q_i - \frac{1}{F}c_i l_i \sin \alpha_i + Y_i - Y_{i+1} + \frac{1}{F}u_i l_i \tan \phi_i \sin \alpha_i\right) \tag{2-13}$$

式中

$$m_i = \cos \alpha_i + \frac{1}{F}\sin \alpha_i \tan \phi_i$$

由滑体绕圆弧中心 O 点的力矩平衡 $\sum M_O = 0$ 得

$$\sum (W_i + Q_i)\, R \sin \alpha_i - \sum S_i R + \sum Q_{Ai} \cos \alpha_i R = 0 \qquad (2\text{-}14)$$

联立公式且取 $b_i = l_i \cos \alpha_i$ 可得稳定系数

$$F = \frac{\displaystyle\sum_{i=1}^{n} \frac{1}{m}\big[\, c_i b_i + (W_i + Q_i - u_i b_i)\tan \phi_i + (Y_i - Y_{i+1})\tan \phi_i \,\big]}{\displaystyle\sum_{i=1}^{n}(W_i + Q_i)\sin \alpha_i + \sum_{i=1}^{n} Q_{Ai} \cos \alpha_i} \qquad (2\text{-}15)$$

用简化毕肖普法时,令 $(Y_i - Y_{i+1})\tan \phi_i = 0$,则

$$F = \frac{\displaystyle\sum_{i=1}^{n} \frac{1}{m}\big[\, c_i b_i + (W_i + Q_i - u_i b_i)\tan \phi_i \,\big]}{\displaystyle\sum_{i=1}^{n}(W_i + Q_i)\sin \alpha_i + \sum_{i=1}^{n} Q_{Ai} \cos \alpha_i} \qquad (2\text{-}16)$$

式中　　F——稳定系数;

u_i——作用在分块滑动面上的孔隙水压力(应力);

l_i——分块滑动面的长度($l_i \approx b_i / \cos \alpha_i$);

b_i——岩土条分块宽度;

α_i——分块滑动面相对于水平面的夹角;

c_i——分块滑动面的黏结力;

ϕ_i——滑动面岩土的内摩擦角;

R——圆弧形滑动面的半径;

i——分析条块序数($i=1, 2, \cdots, n$,其中 n 为分块数)。

当无须考虑地层内潜水对滑坡体产生的水力推压力矩和水力浮托力时,计算方法选用简化毕肖普法。

简化毕肖普法是计算单一圆弧形破坏最为常用和有效的方法,预想滑动面示意图见图 2-4。数学模型如下:

$$F = \frac{\sum \big\{\big[(W_i + V_i + P_i \sin \beta_i)\sec \alpha_i - u_i b_i \sec \alpha_i\big]\tan \phi_i' + c_i' b_i \sec \alpha_i\big\} / (1 + \tan \alpha_i \tan \phi_i' / F)}{\sum \big[(W_i + V_i + P_i \sin \beta_i)\sin \alpha_i + M_{Q_i}/R - P_i h_{P_i}\cos \beta_i / R\big]}$$

式中　　W_i——第 i 条块的重力,kN;

V_i——第 i 条块垂直向的地震惯性力(V 向上取"−",向下取"+"),kN;

P_i——作用于第 i 条块的外力(不含坡外水压力),kN;

u_i——第 i 条块底面的单位孔隙压力,kN/m;

b_i——第 i 条块的宽度,m;

α_i——第 i 条块底面与水平面的夹角,°;

β_i——第 i 条块所受外力 P_i 与水平线的夹角,°;

c_i'——第 i 条块底面的有效摩擦力,kPa;

ϕ_i'——第 i 条块底面的摩擦角,°;

M_{Q_i}——第 i 条块水平向的地震惯性力 Q_i 对圆心的力矩,kN·m;

Q_i——第 i 条块水平向的地震惯性力（Q_i 方向与边坡滑动方向一致时取"+"，反之取"-"），kN；

h_{P_i}——第 i 条块所受外力 P_i 的水平方向分力对圆心的力臂，m；

R——滑动面圆弧的半径，m；

F——边坡稳定安全系数。

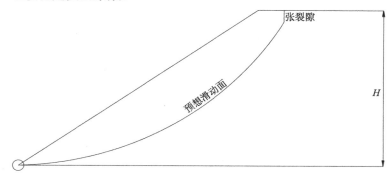

图 2-4　预想滑动面示意图

第三节　边坡稳定性分析的其他方法

一、圆弧快速判定法

对均质边坡，利用圆弧法大量的计算结果可绘制出一系列力学特性曲线，如图 2-5 所示。

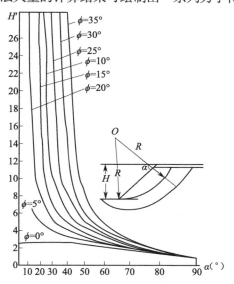

图 2-5　边坡高度与坡度关系

图 2-5 为均质边坡高度与坡度关系图（横轴表示坡角 α，纵轴表示坡高系数 H'）。已知

$$H_{90} = \frac{2c}{\gamma} \tan\left(45° + \frac{\phi}{2}\right)$$

式中　H_{90}——均质边坡极限高度;

　　　c——黏聚力;

　　　ϕ——内摩擦角;

　　　γ——容重。

可根据岩体力学性质指标 c、ϕ、γ 确定边坡高度。

若已知坡角,可采用作图法,在边坡高度与坡度关系图上求得 H',则 $H = H'H_{90}$,利用该公式可以快速计算岩土体的坡高和坡角。

《煤矿安全规程》第五百八十三条规定,露天煤矿应当进行专门的边坡工程、地质勘探工程和稳定性分析评价;《煤矿安全规程》第五百八十四条规定,非工作帮形成一定范围的到界台阶后,应当定期进行边坡稳定性分析和评价;《煤矿安全规程》第五百八十五条规定,工作帮边坡在临近最终设计的边坡之前,必须对其进行稳定性分析和评价;《煤矿安全规程》第五百八十六条规定,露天煤矿的长远和年度采矿工程设计,必须进行边坡稳定性验算;《煤矿安全规程》第五百八十八条规定,必须定期对排土场边坡进行稳定性分析,必要时采取防治措施;《煤矿重大事故隐患判定标准》(中华人民共和国应急管理部令第4号)第十八条规定,露天煤矿边坡角大于设计最大值,或者边坡发生严重变形未及时采取措施进行治理的属于重大事故隐患。边坡稳定性分析贯穿露天开采全过程,掌握必要的稳定性分析方法是保障露天安全开采的前提。

二、数值模拟法

(一)Geo-slope 极限平衡数值模拟法

1. 工程概况

本例选取某露天煤矿最终坑东北部的边坡监测线上的边坡剖面,东北部边坡按照靠帮开采设计,将底部周界回缩,优化边坡设计轮廓,增大最终帮坡角,提高煤炭资源回采率。所选取边坡剖面的坡高为 72.2 m,煤层厚度为 6.12 m,自最上一个台阶至煤层底板标高分别为 1257 水平、1240 水平、1230 水平、1210 水平、1185 水平,最终帮坡角为 47°。

将建立的煤和岩层的全地层模型与最终坑面模型同时调入三维矿业软件 GEOVIA Surpac(简称 Surpac)的界面,沿边坡监测线对煤矿三维地形和全地层模型进行剖面切割,对切割的剖面图形进行优化处理,保留最终坑边坡轮廓及边坡内侧的地层线,即可快速构建边坡剖面,这里所述的边坡内侧指边坡面向最终坑采空区的反方向。所构建的地层线在边坡内侧符合实际的地层产状。

2. GeoStudio 边坡稳定性耦合分析

采用 GeoStudio 软件中的 Slope/W 和 Sigma/W 模块进行边坡稳定性分析。Slope/W 采用刚体极限平衡理论进行边坡稳定性分析,刚体极限平衡理论在岩土工程领域应用比较广泛,采用条分技术使得离散条块满足静力或力矩平衡方程。

极限平衡条分法是基于静力学原理（即力矩、力的平衡关系）建立的,没有关于岩土体应力、应变的解释,造成极限平衡对于岩土体边坡稳定性分析的一些不足。为了克服极限平衡理论关于边坡稳定性分析的不足,利用 GeoStudio 软件引入 Sigma/W 有限元软件模块,将 Sigma/W 的应力-应变本构模型应用于 Slope/W 刚体极限平衡理论中。

将利用 Surpac 软件建立的采场煤与岩层边坡剖面图导出为 CAD 文件,用 GeoStudio 软件创建 Sigma/W 主目录、Slope/W 根目录后直接将 CAD 文件导入进行处理,根据岩层分布进行材料属性赋值,并对边坡模型整体进行网格剖分,网格剖分必须保证各岩层区域协调一致。边坡地层模型见图 2-6。

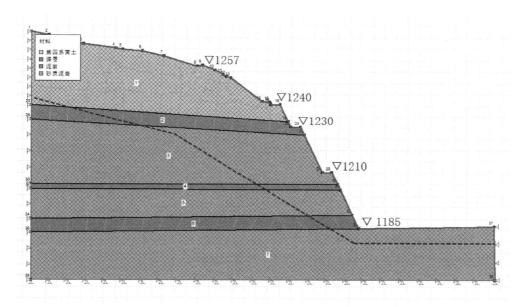

图 2-6　边坡地层模型

结合本矿区岩石的物理力学性质可知,本矿区以软弱岩石为主,其次为半坚硬岩石、砂质泥岩及泥岩属易软化岩石,中深部岩层的岩石质量及岩体质量较好。岩土体物理力学指标见表 2-3。

表 2-3　岩土体物理力学指标

岩石	容重（kN/m³）	黏聚力（kPa）	内摩擦角（°）	弹性模量（GPa）	泊松比 υ
第四系黄土	18.45	37	25	0.043	0.33
泥岩	23.13	170	29	5.7	0.24
砂质泥岩	23.11	124	31	2.4	0.3
煤层	13.14	132	29	5.4	0.31

根据摩尔-库仑强度准则,岩土体的抗剪强度指标有两项,即黏聚力和内摩擦角,其中

黏聚力指标对抗剪强度的影响极大,以减弱系数表示。岩层、煤层的黏聚力减弱系数取值方法如下。

（1）对于长期暴露（3 年以上）的边坡岩体,减弱系数取值为 0.045 或更小。

（2）对于刚刚揭露的工作帮台阶（存在半年左右）,考虑原来在地层中受黄土接触面风化影响的上部岩层,减弱系数取值为 0.2;考虑原来赋存深部非风化带,减弱系数取值为 0.3。

（3）对于黄土,暂不考虑岩体黏聚力减弱系数。

利用 Sigma/W 有限元软件模块创建弹塑性应力 - 应变本构模型,依据岩层分布进行材料属性赋值,并对边坡模型进行边界条件定义:模型底部为 x、y 方向固定约束,位移均为 0;模型左右边界在 x 方向进行约束,位移为 0;模型顶部和坡面为自由空间,不进行约束。

如图 2-7 所示,水平方向应力在泊松效应下随着埋深增大而增大, 1240 水平、1230 水平、1210 水平、1185 水平坡脚处出现应力集中,应力值较小,可以看出边坡可能在台阶坡脚处造成破坏。

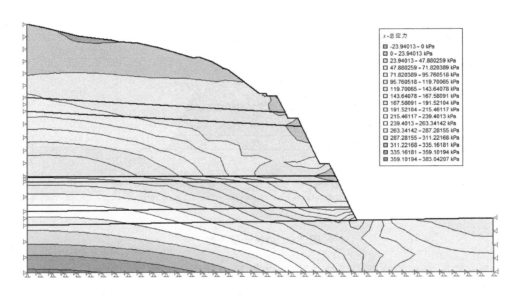

图 2-7 x 方向总应力云图

从图 2-8 可以看出 x 方向位移最大处在 1240 水平坡脚后上方,x 方向位移较大处位于煤层底板后上方,即位移滑动最可能发生在 1240 水平坡脚后上方,其次可能发生在 1185 水平坡脚后上方。

从图 2-9 可以看出边坡 1240 水平、1230 水平、1210 水平、1185 水平坡脚处出现剪应力集中,应力值较小。根据摩尔 - 库仑强度准则（简称 M-C 准则,M-C 准则是考虑了正应力或平均应力作用的最大剪应力或单一剪应力的屈服理论）,当剪切面上的剪应力与正应力之比达到最大时,材料发生屈服破坏,在坡脚处最先发生剪切破坏。

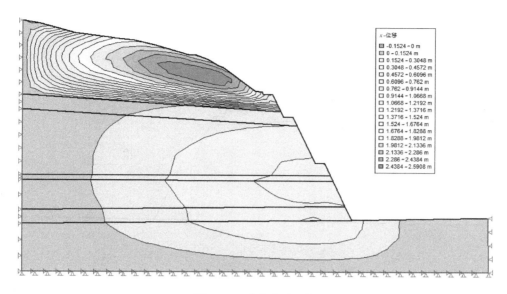

图 2-8　x 方向位移云图

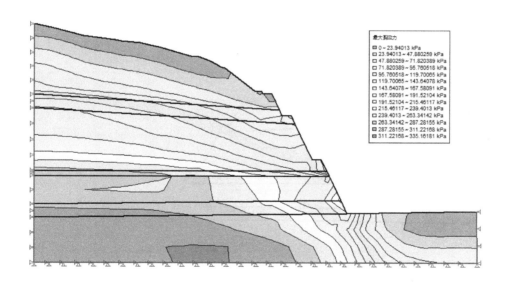

图 2-9　最大剪应力云图

从图 2-10 可以看出：产生应变处位于煤层底板及 1230 水平和 1210 水平坡脚处，未发生较大区域的塑性贯通；在边坡 1240 水平坡脚处产生较大应变，应变贯通区域较小。

由图 2-11 和图 2-12 可知，边坡第四系黄土层抗剪能力较弱，容易在自重作用下发生沉降，据此可初步判断边坡可能发生坐落 - 滑动式破坏。

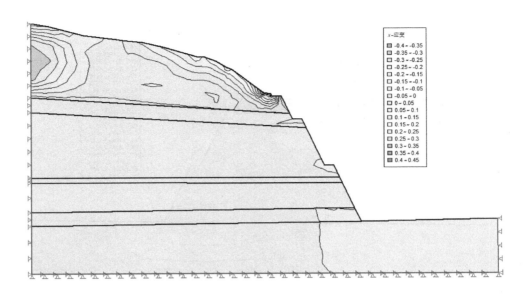

图 2-10 x 方向应变云图

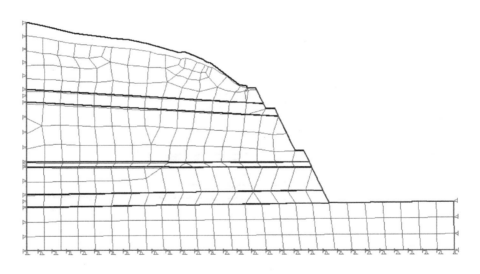

图 2-11 网格位移变形趋势图

本项目按照《煤炭工业露天矿设计规范》（GB 50197—2015）的规定,结合边坡存留时间,确定采场边坡稳定储备系数为 1.1。

Slope/W 采用 M-C 准则,用摩根斯坦 - 普赖斯法计算的安全系数为 2.487,用简化毕肖普法计算的安全系数为 2.503。

从图 2-13 可以看出,边坡岩体可能的滑动模式为自 1257 水平上部沿圆弧形滑动面从 1185 水平坡脚滑出,搜索得到的最危险滑动面是边坡 1257 水平上部与边坡 1185 水平坡脚形成的圆弧形滑动面,最小安全系数为 2.487。

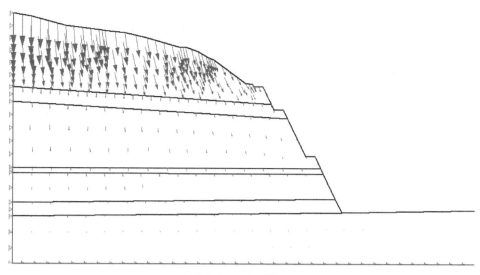

图 2-12 矢量云图

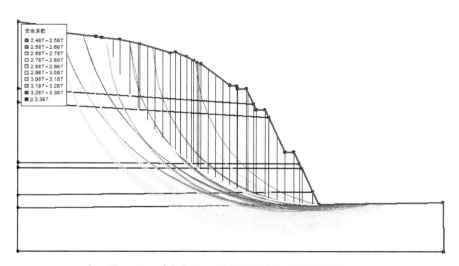

图 2-13 摩根斯坦 - 普赖斯法危险滑动面云图

3. 结论

（1）产生应变处位于煤层底板及 1230 水平和 1210 水平坡脚处,未发生较大区域的塑性贯通;在边坡 1240 水平坡脚处产生较大应变,应变贯通区域较小。

（2）边坡可能发生坐落 - 滑动式破坏,从边坡坡底切出。

（3）屈服准则采用 M-C 准则,分别采用摩根斯坦 - 普赖斯法和简化毕肖普法对安全系数进行计算,得到的安全系数分别为 2.487 和 2.503,均大于采场边坡稳定储备系数,因此边坡处于稳定状态。

（二）FLAC3D 有限差分数值模拟法

1. FLAC3D 理论基础

边坡分析理论一般有极限平衡法、有限元法、有限差分强度折减法、滑移线场法等。极限平衡法把岩土体近似地看作刚性材料，假定滑动面遵循边坡的滑体或滑块的力学原理，分析各种破坏模式下的受力状态。有限差分强度折减法不需要对滑动面形式和位置做假定，当强度折减计算不收敛时，对应的值即为最小稳定安全系数。本书采用 FLAC3D 有限差分程序的摩尔 - 库仑本构模型及自带的强度折减法求解。

（1）摩尔 - 库仑模型适用于岩土体、混凝土体等材料，对于应力变化范围不大的一般岩土体，其摩尔包络线可用库仑强度公式表示，其屈服准则公式为

$$\frac{\sigma_1' - \sigma_3'}{2} = \frac{\sigma_1' + \sigma_3'}{2} \sin \phi' - c \cos \phi' \qquad (2\text{-}17)$$

式中　σ_1'、σ_3'——土中一点的大、小主应力；

　　　ϕ'——内摩擦角；

　　　c——黏聚力。

（2）有限差分强度折减法认为边坡的稳定安全系数可以定义为使岩土体刚好达到临界破坏状态时，对岩土体的内聚力和内摩擦角进行折减的程度，即定义安全系数为岩土体的抗剪强度与临界破坏时折减后的剪切强度的比值。强度折减公式为

$$c_F = c/F_s \qquad (2\text{-}18)$$

$$\varphi_F' = \arctan(\tan \varphi' / F_s) \qquad (2\text{-}19)$$

式中　c_F——折减后岩土体虚拟的黏聚力；

　　　φ_F'——折减后岩土体虚拟的内摩擦角；

　　　c、φ'——黏聚力和内摩擦角；

　　　F_s——折减系数。

有限差分强度折减法利用上述公式调整岩土体的抗剪强度指标黏聚力和内摩擦角，通过反复折减对边坡岩土体进行数值模拟。

2. FLAC3D 边坡稳定性分析

采用 FLAC3D 有限差分程序对某露天煤矿首采区北端帮进行力学模拟，主要模拟端帮在自身重力作用下的边坡稳定情况，选取北端帮代表性勘探线剖面图建立力学模型。模型根据北端帮岩性分布将网格划分为六组。边坡岩体自上而下分布为砂土层、泥岩层、细粒砂岩层、砂质泥岩层、煤层、砂质泥岩层，计算所取物理力学参数见表 2-3。由于岩土在外力作用下不但会发生弹性变形，还会发生不可恢复的塑性变形，则本构模型选取摩尔 - 库仑弹塑性模型，安全系数采用 FLAC3D 自带的强度折减法求解，岩土体物理力学参数见表 2-4。

表 2-4　岩土体物理力学参数

地层	网格分组	容重 γ(g/cm³)	内摩擦角 ϕ(°)	黏聚力 c(kPa)
砂土	one	1.92	22	60
泥岩	two	2.13	30	65
细粒砂岩	thr	2.41	28	80
砂质泥岩	fou	2.06	30	75
煤	fiv	1.25	31	54
砂质泥岩	six	2.06	30	75

根据实际条件确定模型的边界条件为：

（1）模型从前、后、左、右四个方向同时施加约束力，使得边界各个方向没有位移；

（2）固定模型底部边界，使模型在底部任何方向都没有位移；

（3）模型的顶部和坡面设置成自由边界，能够自由运动。

采用 FLAC3D 进行数值分析，得到图 2-14~ 图 2-17。

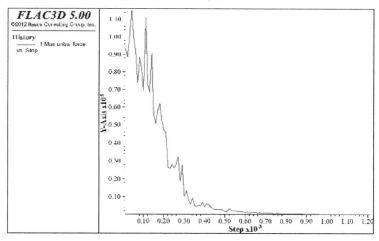

图 2-14　最大不平衡力收敛曲线图

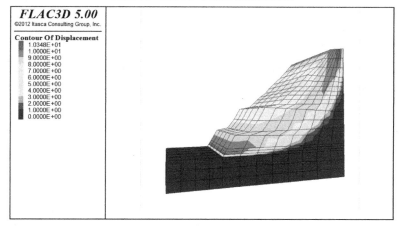

图 2-15　最大位移图

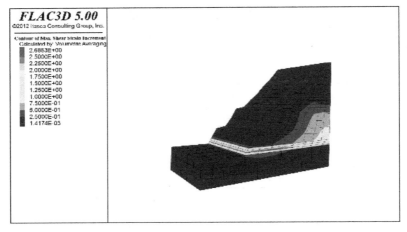

图 2-16　剪切应变增量图

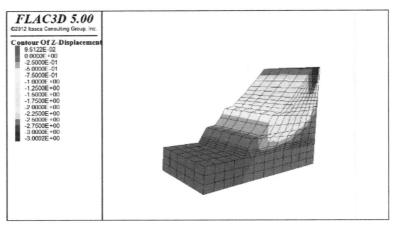

图 2-17　z 方向位移云图

　　不平衡力是数值计算迭代过程中产生的系统内外力之差,在静态求解模式中用来判断是否达到平衡状态。从图 2-14 可以看出,最大不平衡力无限趋近于 0,此时模型体系达到平衡状态,即边坡未出现坍塌或塑性变形。

　　从图 2-15 可以明显地看出边坡滑动位置,还可以看出北端帮顶部及煤层位置的位移量最大,且坡顶区段有明显下沉趋势,坡脚处有逐渐伸出趋势。在图 2-17 中可看到四个较为明显的圆弧形滑动面,最大的位移滑动面即第四系和第三系砂土层与煤层及上层砂质泥岩形成的圆弧形滑动面,但中部没有形成与上下部位相同数量级的位移量。结合图 2-17 可知在北端帮边坡内部可能形成潜在位移圆弧形滑动面。

　　从图 2-16 可以看出破坏面位于边坡内部及坡脚处,且坡顶与坡脚尚未形成塑性贯通区域,但坡脚与坡顶中部形成塑性贯通区域,位于边坡上部的细粒砂岩区岩层强度较大,潜在破坏为从细粒砂岩以下至煤层底板出现滑动,且通过计算得安全系数为 1.22,边坡应尽可能减少暴露时间才能保证稳定。

从图 2-17 可以看出 z 方向主要在煤层底板处出现位移,边坡坡底稳定性较差。以上分析表明,边坡稳定处于较危险状态,煤层底板处稳定性差,可能形成沿煤层底板切出的圆弧形滑动面。

第四节 边坡稳定的一些规律

一、边坡稳定与边坡高度的关系

我国露天煤矿按照边坡高度将边坡划分为低边坡(小于 100 m)、中高边坡(100~300 m)和高边坡(大于 300 m)。

为了研究露天矿群区域性边坡稳定性问题,编者构建了区域性地层模型,地层模型选择不同的边坡高度,区域地层关系一致,见图 2-18。

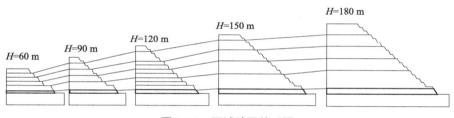

图 2-18 区域地层关系图

分别取边坡高度为 60 m、90 m、120 m、150 m、180 m 的边坡剖面,且保证最终帮坡角一致。

采用摩根斯坦 - 普赖斯法进行边坡稳定性分析,边坡高度为 60 m 时,安全系数 F 为 2.291 4,见图 2-19。

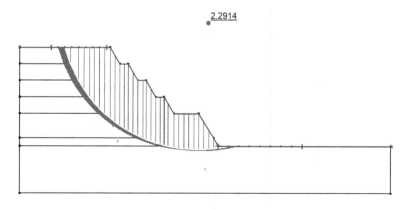

图 2-19 边坡高度为 60 m 时的安全系数

边坡高度为 90 m 时,安全系数 F 为 1.533,见图 2-20。

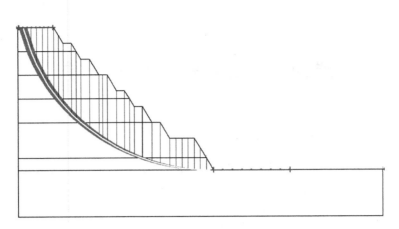

图 2-20　边坡高度为 90 m 时的安全系数

边坡高度为 120 m 时,安全系数 F 为 1.352,见图 2-21。

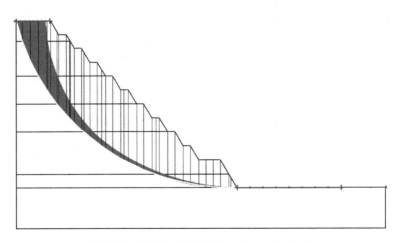

图 2-21　边坡高度为 120 m 时的安全系数

边坡高度为 150 m 时,安全系数 F 为 1.236,见图 2-22。
边坡高度为 180 m 时,安全系数 F 为 1.166,见图 2-23。
边坡高度与安全系数的关系见图 2-24。

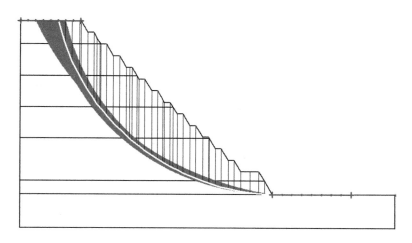

图 2-22　边坡高度为 150 m 时的安全系数

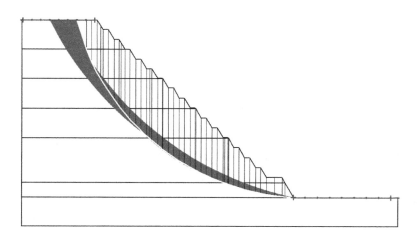

图 2-23　边坡高度为 180 m 时的安全系数

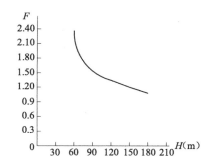

图 2-24　边坡高度与安全系数的关系

从图 2-24 可以看出：同一区域地质,在最终帮坡角相同的情况下,边坡高度变大,安全系数按负指数规律变小,当边坡高度小于 90 m 时,随着边坡高度增加,安全系数大幅度下降;当边坡高度大于 90 m 时,随着边坡高度增加,安全系数下降速度放缓。

二、边坡稳定与边坡形状的关系

20 世纪 60 年代,苏联学者费申科提出岩石边坡在垂直剖面上可采取凸形边坡,使之上缓下陡,以解决上部岩石分化层稳定性差的问题。

1999 年乌兹别克斯坦科学院地震研究所的贝科夫采夫等在俄文期刊《矿业工程》上发表《深凹露天矿边坡合理形状的确定》一文,认为理想的深凹露天矿应是满足 $R(Z)=a\cosh(Z/b)$ 的双曲线余弦的旋转锥体,式中 Z 为边坡垂直高度,a、b 为双曲线系数,cosh 为双曲线余弦,R 为 Z 高度的边坡水平半径。

三、边坡稳定与内排压脚的关系

靠帮开采的核心是增大端帮的帮坡角,回收压覆资源,王建鑫发表的《露天煤矿基于 FLAC3D 靠帮开采可行性方案》通过 FLAC3D 有限差分数值模拟分析得知,某露天煤矿北端帮边坡可能发生圆弧形滑动破坏且从煤层底板处滑移,同时发现在煤层底板处出现应力集中现象,可能发生剪切破坏。

王建鑫发表的《露天煤矿靠帮开采下的时效边坡稳定性分析》采用极限平衡法分析了某露天煤矿的潜在滑动面得出结论:边坡岩体开挖后,最危险滑动面为坡顶与坡底所形成的圆弧形滑动面,岩体可能从西帮坡底线切出;由数值模拟计算可知,最不稳定条块所在滑动面与水平方向夹角为 −0.033°,位于坡脚,边坡开挖后抗剪强度从坡顶处急剧下降,坡底位置强度最小,可能发生剪切破坏导致边坡失稳。

韩流、舒继森、罗伟等在其所著的《分区开采露天煤矿边坡稳定性分析理论与实验研究》一书中基于开挖降段和靠帮开采过程,对不同高度和角度的端帮边坡进行数值模拟,得到开挖降段和靠帮开采过程中的应力分布规律:开挖深度和边坡角越大,端帮周围的应力拱曲率越小,拱形力学效应越明显;在开挖降段过程中,重力场和水平应力场的峰值应力均随开挖深度的增大呈二次函数下降;在靠帮开采过程中,随着端帮边坡角不断增大,重力场和水平应力场的峰值应力不断增大。

内排压脚是解决靠帮开采边坡稳定性问题的有效方案,侯殿昆、曹兰柱、贾兰在其发表的《内排压脚合理追踪距离的确定》一文中采用 FLAC3D 数值模拟软件研究了内排台阶和采矿台阶追踪距离对端帮边坡稳定的影响,通过位移场和应力场分析发现内排压脚和煤台阶支挡对提高边坡稳定性具有积极作用,追踪距离越小,边坡位移越小,边坡变形范围越小,认为追踪距离小于或等于 30 m 并辅以疏干排水等措施可行。

徐晓惠、姚再兴在其发表的《内排压脚与边坡稳定性的关系》一文中采用有限元软件 ANSYS 模拟了不同边坡角对应的稳定系数以及不同平盘(又称平台)宽度和压脚高度所形成的等储备强度边坡的稳定系数,研究发现对理想边坡模型分阶段加载重力,边坡坡脚因重力作用产生应力集中现象,最先进入塑性状态,随后加载塑性区向坡顶方向呈弧形条带状扩展,然后逐步向边坡顶部方向扩展,当后期不再加载时,塑性区变形仍继续进行,塑性区变形与载荷呈现抛物线关系,即随着加载在一定范围内进行,塑性区变形持续进行。对于压脚量,形成等储备强度的边坡压脚是最有效的;要想提高稳定性,需要在更高的台阶和其下部台阶上同时压脚。这项研究表明,边坡压脚是提高边坡稳定性的一个重要方法,但是要注意,压脚也有导致边坡失稳的可能,所以在压脚的同时要对压脚进行边坡稳定防护。

四、边坡稳定与岩土比例的关系

为了解原始丘陵地貌排土时排土场岩土比例对边坡稳定的影响,对某露天煤矿一号外排土场进行研究。一号外排土场高度为 120 m,边坡角为 20°,排弃位置位于丘陵地带,外排土场的排弃物料自上而下为第四系黄土和第三系泥岩、砂岩。基于排弃物料的不确定性,对排土场岩土结构做出排弃分布比例假设,分别做出五种比例假设并考虑水裂隙的存在,岩土体物理力学指标见表 2-5。

表 2-5　岩土体物理力学性质指标

岩性	容重 γ (g/cm³)	内摩擦角 ϕ (°)	黏聚力 c (MPa)
表土	2.00	29	1.10
砂岩	2.45	35	1.18
基底	1.97	27	0.64

基于 Geo-Slope/W 应用刚体极限平衡理论对排土场边坡进行分析,采用摩根斯坦 - 普赖斯法进行数值模拟。边坡岩层厚度比例假设见表 2-6。

表 2-6　边坡岩层厚度比例假设

$\dfrac{H_1 表土}{H_2 砂岩}$	模拟情况	情况一	情况二	情况三	情况四	情况五
	比例	1:1	1:1.5	1.5:1	1:2	2:1

1. 情况一（比例 1:1）

由图 2-25 分析得出 125 个结果,最小安全系数为 1.943。危险滑动面位于排土场坡底线所在水平面以下,在有水裂隙的情况下边坡稳定。

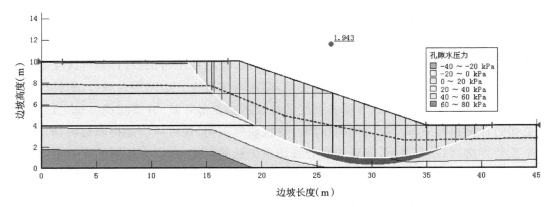

图 2-25　最危险滑动面图

2. 情况二（比例 1∶1.5）

由图 2-26 分析得出 125 个结果,最小安全系数为 1.931。危险滑动面位于排土场坡底线所在水平面以下,在有水裂隙的情况下边坡稳定。

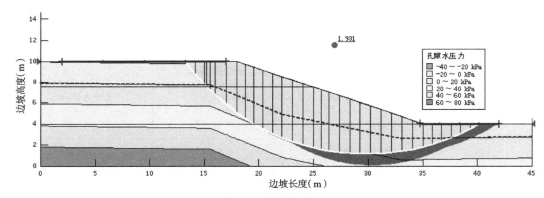

图 2-26　危险滑动面图

3. 情况三（比例 1.5∶1）

由图 2-27 分析得出 125 个结果,最小安全系数为 1.952。危险滑动面位于排土场坡底线所在水平面以下,在有水裂隙的情况下边坡稳定。

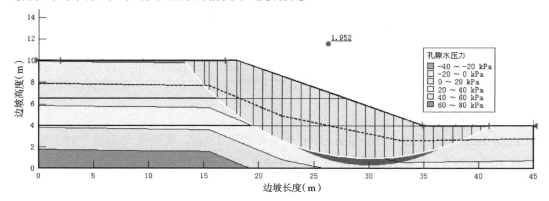

图 2-27　危险滑动面图

4. 情况四（比例 1 : 2）

由图 2-28 分析得出 125 个结果，最小安全系数为 1.906。危险滑动面位于排土场坡底线所在水平面以下，在有水裂隙的情况下边坡稳定。

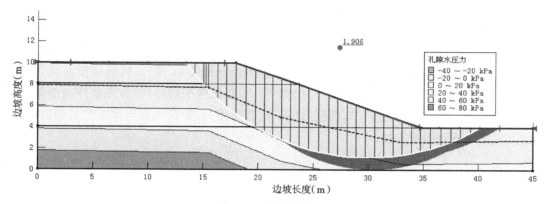

图 2-28 危险滑动面图

5. 情况五（比例 2 : 1）

由图 2-29 分析得出 125 个结果，最小安全系数为 1.949。危险滑动面位于排土场坡底线所在水平面以下，在有水裂隙的情况下边坡稳定。

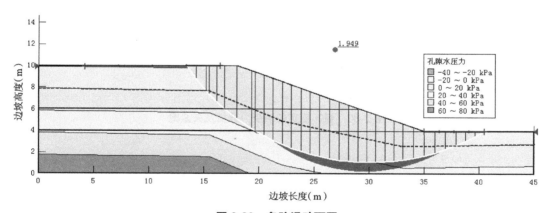

图 2-29 危险滑动面图

根据不同岩层厚度比例得出边坡数值模拟结果，见表 2-7。

表 2-7 水裂隙下边坡数值模拟结果

比例	1 : 2	1 : 1.5	1 : 1	1.5 : 1	2 : 1
最小安全系数	1.906	1.931	1.943	1.952	1.949

从以上数值模拟图可知，边坡危险滑动面位于排土场坡底线所在水平面下方较松软的地层（即基底）中。从表 2-7 可以看出，随着砂岩（岩性强度较大）的岩层厚度比例下降，排土场的安全系数逐渐增大，这是因为排土场坡底线所在水平面下方原为丘陵原始地貌，岩层

较松软,为第四系与第三系地层构造,岩性强度较大的岩层的厚度比例下降减轻了对底部的载荷。这恰与一些基底岩性强度比较大的内排土场情况相反,所以在一些丘陵地带建立外排土场时,要重视排土场坡底线所在水平面以下的岩层的情况,以防止边坡体从丘陵山腰边缘或者底部切出而造成大面积滑坡,由此可知如果砂岩排弃比例过高,将不利于边坡稳定。

最不稳定条块受力分析及矢量图如图 2-30 所示,根据分析报告可知,最不稳定条块所在滑动面与水平方向夹角为 19.988°,位于坡脚处。从图 2-31 得知,抗剪强度从坡顶处先急剧下降,然后沿坡顶到坡底逐渐减小,由摩尔-库仑强度准则可知,若在岩体内部某一面上剪应力达到一定限度,克服了与正应力成正比的摩擦力,则在该面岩体发生剪切破坏,即岩层发生错动导致边坡失稳。

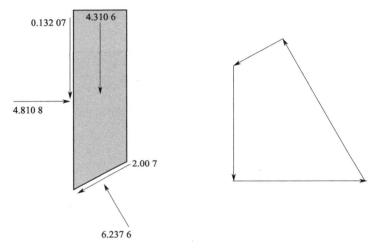

图 2-30 最不稳定条块受力分析及矢量图

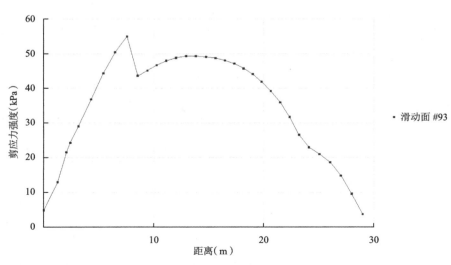

图 2-31 抗剪强度曲线图

此外,露天矿边坡水平应力越大,坡底处最大剪应力越大,所以当岩体中存在较高水平的剩余应力时,边坡更容易变形,加上一号外排土场底部存在综采采空区,这就使得外排土场边坡体质量增加,边坡与下部采空区组成一个复合应力模型,此边坡应力变化是一个不断增载、应力不断重新分布的过程,不利于边坡稳定,所以当露天煤矿的排土场布局在采场地表境界附近的原始地貌或者存在采空区的原始地貌附近时,一定要考虑到边坡的复合应力,对于排土场与采场地表境界的安全距离应根据矿区地质条件进行边坡稳定性验算。一般来说,当开采深度小于 200 m 时,安全距离不宜小于最大开采深度;当开采深度大于或等于 200 m 时,安全距离不宜小于 200 m。

第三章　露天煤矿境界设计

第一节　境界设计的程序和指导思想

一、境界设计的程序

露天煤矿境界设计的程序一般为：①确定经济合理剥采比；②确定最终帮坡角；③确定地表和底部境界；④绘制露天煤矿境界。

二、境界设计的指导思想

（1）圈定的露天煤矿境界要保证露天采场内采出的煤量有盈利，即采用的境界剥采比不大于经济合理剥采比。

（2）要充分利用资源，尽可能把较多的煤量圈定在露天开采境界内，发挥露天开采的优势。

（3）所圈定露天采场的最终边坡的稳定性要符合要求，以保证露天煤矿的安全生产。

（4）当用经济合理剥采比圈定的露天煤矿范围很大，服务年限太长时，应按矿山一般服务年限确定初期露天开采的深度。

（5）在下列情况下，可适当扩大露天煤矿境界：

①按境界剥采比不大于经济合理剥采比圈定露天煤矿开采境界后，境界外余下的工业矿量不多，经济上不宜采用地下开采；

②由于煤炭和围岩稳固性差，水文地质条件复杂，水量大，煤炭具有自燃危险等，从安全和技术角度考虑不宜采用地下开采。

（6）在下列情况下，可适当缩小露天煤矿开采境界：

①开采境界边缘附近有重要建筑物、构筑物、河流和铁路干线等需要保护，或难以迁移至露天采场境界影响范围以外，或存在保护区及基本草原情形的；

②排土场占用大量农田，征地困难；

③边坡存在重大安全隐患。

（7）当矿体极不规则，沿倾向厚度变化大，矿体上部岩土体覆盖较厚或地形复杂时，按境界剥采比不大于经济合理剥采比的原则初步确定境界后，再用平均剥采比进行校核。

（8）若矿山工程基建量大，初期生产剥采比大，需要进行综合技术经济论证，以确定采用露天开采还是井工开采。

（9）对于剥采比较小的矿床，要根据勘探程度及服务年限确定开采境界，而不应按境界剥采比确定开采境界。

第二节　经济合理剥采比的确定

一、经济合理剥采比的概念

经济合理剥采比是指经济上容许的最大剥岩量与可采矿量之比。它是一个理论上的极限值，是露天开采境界设计的重要指标，也是衡量露天开采经济合理性的主要依据。

确定经济合理剥采比的方法较多，一般分为比较法和价格法。对于开采方式尚不明确的矿床或露井联采的矿山，需要比较露天开采和井工开采的经济效果来确定经济合理剥采比。对于只适合露天开采的矿床，常用价格法确定经济合理剥采比，即

$$N_{JH} = \frac{P-a}{b}$$

式中　N_{JH}——露天开采经济合理剥采比，m^3/t；

　　　P——原煤售价，元/t；

　　　a——露天开采扣除剥离费用后的一切费用（包括偿还投资、纳税、付息及管理费等），元/t；

　　　b——露天开采剥离单价，元/m^3。

《煤炭工业露天矿设计规范》（GB 50197—2015）规定，褐煤、非焦煤、焦煤露天煤矿的经济剥采比分别不宜大于 6 m^3/t、10 m^3/t、15 m^3/t。正确确定 N_{JH} 的重要前提是 P、a、b 值的正确选取，对于 P 值要调研周边露天煤矿的原煤售价、煤炭价格波动范围等，对于 a 和 b 值既要结合周边露天煤矿的运营成本，也要结合企业自身的运营模式、管理模式、矿床开采条件等，根据具体情况进行修正。经济合理剥采比并非一成不变，随着煤炭价格的持续波动以及企业自身运营模式、管理模式的改变，经济合理剥采比会持续发生波动。

二、经济合理剥采比的自动计算程序

王建鑫开发了露天开采测算软件 ECO MINE，只要录入矿山的基本技术、财务指标，该软件就会自动生成各项税费、直接成本等 18 项基本信息和包括吨煤利润、完全成本、税费、经济合理剥采比在内的 14 项汇总结果。下面研究某煤矿某一时期内不同价格对经济合理剥采比的影响。

（1）在软件 ECO MINE 的经济合理剥采比计算界面依次输入不同的平均售价信息，见图 3-1。

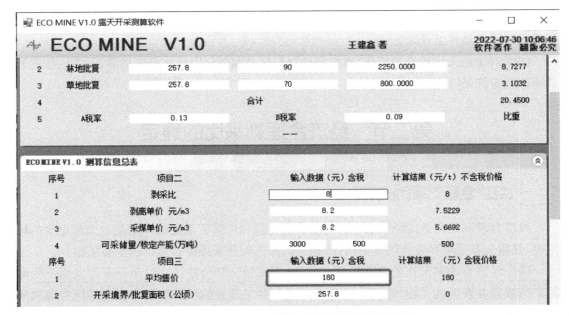

图 3-1   ECO MINE 经济合理剥采比计算界面

（2）由软件得出不同平均售价下的经济合理剥采比计算结果，见表 3-1。

表 3-1   不同平均售价下的经济合理剥采比计算结果

平均售价（元）	180	200	220	240	260	280
经济合理剥采比（m³/t）	12.15	13.57	14.99	16.4	17.82	19.24

从表 3-1 可以看出，经济合理剥采比不是一成不变的，它具有的经济意义也是动态的，当其他成本恒定时，它会随着市场价格的变化而变化。

三、影响经济合理剥采比的几个参数

在露天煤矿（如土石方外包经营的露天煤矿）实际生产过程中，当剥离单价一定时，经济合理剥采比与收入、制造费、管理费、劳务费、材料费、维修费、税费的变化息息相关。下面仅列举三个影响经济合理剥采比的参数。

（1）销售价格。如上所述，当其他成本恒定时，经济合理剥采比会随着市场价格的变化而变化，它基本上随着销售价格的增长而增大。

（2）设备效率。鄂尔多斯市东胜区某露天煤矿 2017 年产生的土石方量为 7 787 万 m³，2018 年产生的土石方量为 7 357 万 m³；2017 年产生的油耗为 0.45 L/m³，2018 年产生的油耗为 0.58 L/m³。由此可知，2018 年虽然土石方量减少但油耗增加。经过综合分析发现，2018 年地质情况发生较大变化，即煤层变多、夹矸变多，使得设备综合效率远低于 2017 年，即设备效率降低导致成本增加，使得经济合理剥采比发生变化。

（3）土地类别。采矿用地一般包括林地、草地和建设用地。采矿用地的耕地占用税在

一个地区是固定的,而使用土地区域因林地属性及图斑面积、草地属性及图斑面积不等甚至相差甚远,造成成本费用的巨大变化。如内蒙古某地区耕地占用税固定为 25 元/m²; 而森林植被恢复费因图斑的属性和面积不同而不同,按植被属性一般乔木林地(地方公益林)每平方米 40 元,特殊灌木林地(国家二级公益林)每平方米 24 元,特殊灌木林地(地方公益林)每平方米 24 元,宜林地每平方米 6 元;草原植被恢复费一般因属性和面积不同而不同,一般天然牧草地为 1 500 元/亩,草原补偿费用为 9 575 元/m²。区域用地类型和补偿费直接影响经济合理剥采比的大小。实际生产过程中影响经济合理剥采比的因素还有很多。

第三节 最终帮坡角的选取与计算

一、最终帮坡角的选取

露天煤矿开采结束的台阶(即非工作台阶)构成了最终边坡,最终帮坡角决定了最终边坡的整体轮廓和力学稳定性,最终边坡每个台阶的坡面角取值主要取决于台阶岩土体物理力学性质(如抗压强度、抗剪强度、内摩擦角、节理裂隙、水裂隙、断层),根据相似矿山取值经验和边坡稳定性分析确定最终帮坡角。

最终边坡包括运输平台、安全平台和清扫平台。安全平台一般宽 3~5 m;每隔 2 个或 3 个台阶设置一个清扫平台,其宽度要保证清扫设备正常作业,一般大于 6 m;运输平台的宽度根据运输设备规格、线路数目等条件决定。在露天煤矿开采过程中,可以根据岩土体物理力学性质对非工作台阶进行并段,这样既减少了台阶数目,也减少了平台的维护工作量,在有效拦截落石的同时,有效增大了最终帮坡角。在确定最终帮坡角后,可设计与计算最终边坡各台阶和平盘宽度等要素。

确定了露天煤矿最终台阶坡面角和各平台宽度之后,最终帮坡角 β 可用下式计算:

$$\tan \beta = \sum_{i=1}^{n} h_i \bigg/ \left(\sum_{i=1}^{n} h_i \cot \alpha_i + \sum_{i=1}^{n_1} a_i + \sum_{i=1}^{n_2} b_i + \sum_{i=1}^{n_3} c_i + \sum_{i=1}^{n_4} d_i \right)$$

式中　　n——台阶数量;

h_i——第 i 个台阶的高度;

α_i——第 i 个台阶的坡面角;

n_1——安全平台数量;

n_2——清扫平台数量;

n_3——水平运输平台数量;

n_4——倾斜运输平台数量;

a_i——第 i 个安全平台的宽度;

b_i——第 i 个清扫平台的宽度;

c_i——第 i 个水平运输平台的宽度;

d_i——第 i 个倾斜运输平台的宽度。

二、最终帮坡角的改进算法

假设将最终边坡上的平台总宽度按平台个数进行平均并重新布置平台，即最终边坡上的各平台宽度一致，根据下列公式（即最终帮坡角公式）可以反向求得非工作帮上煤台阶和岩石台阶的平均宽度：

$$\tan \gamma = \frac{\sum_{j=1}^{m} H_j}{\sum_{j=1}^{m} \dfrac{H_j}{\tan \alpha} + (m-1)B}$$

式中 γ——非工作帮坡角（即最终帮坡角），°；

H_j——第 j 个台阶的高度，m；

m——平台数量；

α——坡面角，°；

B——平台平均宽度，m。

这种快速计算方法的意义在于有助于快速进行边坡设计，初步对边坡轮廓定型后方便利用计算机软件根据需要调整平台宽度，同时该公式适用于低段台阶仅设安全平台的最终帮，见图 3-2。

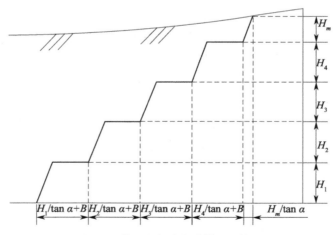

图 3-2   非工作帮坡角计算原理简图

第四节   境界圈定的原则

露天开采境界有三个组成要素，即露天矿底部境界、露天矿最终边坡和开采深度，露天开采境界的大小决定了露天剥离量和可采储量，并影响着露天矿的延深和扩展。露天开采境界设计实质上是对剥采比进行控制，使其不超过经济合理剥采比。境界圈定的三个原则列举如下。

一、境界剥采比不大于经济合理剥采比原则

该原则的实质是露天开采境界持续延深时,露天开采的边际效益不低于井工开采或不发生亏损,它使得矿床总经济效益最佳。

该原则不适用于不连续、不规则且覆盖很厚的露天煤矿。对于近水平露天煤矿,境界剥采比在煤层的走向或倾向方向上随覆盖岩层和煤层的厚度而变化,据此确定近水平露天煤矿的境界。

按该原则圈定境界时需要用平均剥采比进行校验。

二、平均剥采比不大于经济合理剥采比原则

该原则利用露天开采境界内全部剥离量和煤量之比来衡量境界内的平均经济效益,允许在一定时间内剥采比超过经济合理剥采比。

这一原则的实质是露天开采的平均经济效益不劣于井工开采,但没有考虑到整个矿床的总经济效益,也没有涉及各时期的剥采比与经济效益,而是把露天开采过程中优于井工开采的全部收益用来增加剥离岩石量以扩大露天开采境界,直至全部收益为零,即等于井工开采成本为止。

三、生产剥采比不大于经济合理剥采比原则

该原则指露天开采按照工作帮坡角正常推进过程中任意时期的剥采比不允许超过经济合理剥采比。该原则有一定的局限性,未考虑总体经济效果。

但对于岩土体覆盖较厚、矿体形状不规则的矿床,为防止初始剥采比和基建工程量过大,按境界剥采比不大于经济合理剥采比($N_j \leqslant N_{JH}$)原则圈定境界时,用平均剥采比不大于经济合理剥采比($N_p \leqslant N_{JH}$)原则进行验证,把生产剥采比不大于经济合理剥采比原则作为补充条件。

第五节　境界设计的方法

一、面积比法

面积比法适用于长露天矿,用面积比法圈定境界(见图3-3),操作步骤如下:
(1)选定几个可能的深度方案;
(2)按照最终帮坡角绘制开采境界;
(3)量出矿岩面积,分别计算境界剥采比 N_j;
(4)绘制 N_j 与开采深度标高 H 的变化关系,并根据 N_{JH} 确定合理深度;

（5）调整底部标高并圈定境界。

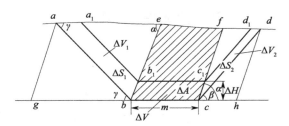

图 3-3　用面积比法圈定境界

如图 3-3 所示，按照面积比（即境界延伸所产生岩石的增长量和煤的增长量之比），也就是剖面图面积之比，利用 $N_j \leqslant N_{JH}$ 这一原则，即可求得经济合理剥采比。

$$N_{JH} \geqslant N_j = \frac{\Delta V_1 + \Delta V_2}{\Delta V} = \frac{\Delta S_1 + \Delta S_2}{\Delta A}$$

二、线段比法

线段比法适用于长露天矿，用线段比法圈定境界（见图 3-4），操作步骤如下：

（1）选定几个可能的深度方案；

（2）按照最终帮坡角绘制开采境界；

（3）利用线段比分别计算 N_j；

（4）绘制 N_j 与开采深度标高 H 的变化关系，并根据 N_{JH} 确定合理深度；

（5）调整底部标高并圈定境界。

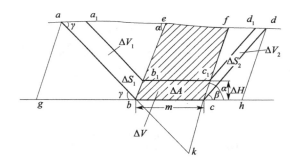

图 3-4　用线段比法圈定境界

矿体厚度为 m，矿体倾角为 α，作平行于 cc_1 的线 ag 和 dh，为了确定境界剥采比，需要分别计算四边形 b_1c_1cb、aa_1b_1b 和 d_1dcc_1 的面积 ΔA、ΔS_1、ΔS_2，则有

$$\Delta A = m\Delta H$$

$$\begin{aligned}\Delta S_1 &= \triangle abe - \triangle a_1 b_1 e \\ &= \frac{1}{2} H(\cot\gamma + \cot\alpha)H - \frac{1}{2}(H - \Delta H)(\cot\gamma + \cot\alpha)(H - \Delta H) \\ &= (\cot\gamma + \cot\alpha)H\Delta H - \frac{1}{2}(\cot\gamma + \cot\alpha)\Delta H^2\end{aligned}$$

$$\Delta S_2 = \triangle dcf - \triangle d_1 c_1 f$$

$$= (\cot \beta - \cot \alpha) H \Delta H - \frac{1}{2} (\cot \beta - \cot \alpha) \Delta H^2$$

由此可以得出岩石增量与矿石增量之比:

$$\frac{\Delta S}{\Delta A} = \frac{\Delta S_1 + \Delta S_2}{\Delta A}$$

$$= \frac{(\cot \gamma + \cot \alpha) H + (\cot \beta - \cot \alpha) H - \frac{1}{2} (\cot \gamma + \cot \beta) \Delta H}{m}$$

当 $\Delta H \to 0$ 时,可得境界剥采比:

$$N_j = \frac{(\cot \gamma + \cot \alpha) H + (\cot \beta - \cot \alpha) H}{m}$$

$$= \frac{ae + df}{bc}$$

$$= \frac{bg + ch}{bc}$$

由于 $m = bc$,当开采境界向下延深时,境界剥采比与矿体增量呈正相关关系。

面积比法和线段比法的实质是体积之比(即 m³/m³),而露天煤矿一般采用剥离体积与煤炭质量之比(m³/t)作为剥采比。

对于近水平、缓倾斜露天煤矿,境界扩大 ΔL ,将使矿岩产生增量,只需要对顶帮进行采剥,不需要对底帮进行采剥。如图 3-5 所示,根据线段比原理,境界剥采比计算公式为

$$N_j = \frac{\Delta S}{\Delta A} = \frac{ab}{bc}$$

对于近水平、缓倾斜、倾斜煤层的露天煤矿,也可以利用地质剥采比作为补充。地质剥采比即钻孔剥采比,在实际工作中有用钻孔剥采比直接确定开采境界的,也有利用钻孔剥采比先拟定剥采比等值线再进一步确定开采境界的,但该方法要慎用,因为其未考虑端帮的影响,当露天矿埋藏较深时圈定的误差会很大。地质剥采比计算公式为

$$N_d = \frac{a'b'}{b'c'}$$

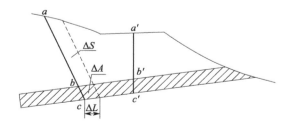

图 3-5 缓倾斜矿床境界剥采比

对于近水平、缓倾斜露天煤矿,如图 3-6 所示,应用边坡线确定境界剥采比。境界剥采比计算公式如下:

$$N_j = \frac{ab + cd + ef}{(bc + de + fg)\eta}$$

式中 N_j——境界剥采比；

ab、cd、ef、bc、de、fg——边坡线与煤岩切割长度；

η——回采率。

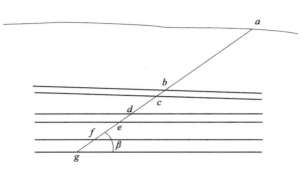

图 3-6   用边坡线确定境界剥采比

近水平露天煤矿在确定多煤层可采位置时，可按图 3-6 依次进行比选，当境界剥采比小于经济合理剥采比时，优先选择底部煤层深度作为开采深度。

近水平露天煤矿在选定可采煤层后，应对不同境界进行方案比选，当地形复杂时应多绘制几条比选边坡线，当地形简单、平缓时可适当少绘制比选边坡线，然后分别计算境界剥采比，当绘制完比选边坡线以后，如图 3-7 所示，1、2、3 三条边坡线分别与煤层底板相交，接着从相交点作水平线交于勘探线上的 ZK02 钻孔，得出三个不同的距离 B_1、B_2、B_3，最后用与其对应的境界剥采比 N_1、N_2、N_3 绘制境界剥采比曲线，见图 3-8。

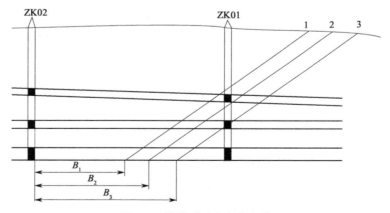

图 3-7   境界剥采比方案比选

由图 3-8 可知，剥采比曲线与经济合理剥采比直线交于 C 点，C 点就是边坡底部境界位置，继续选择其他剖面位置，确定各帮境界位置。

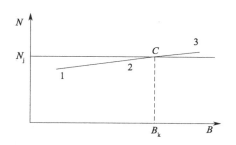

图 3-8　境界剥采比曲线图

三、投影法

投影法适用于露天煤矿生产过程中的二次境界圈定，由于露天煤矿经常因征地、用地、分区进行二次境界设计，当确定地表境界时，可利用投影法确定底部境界。从露天煤矿投影图来看，底部境界就是地表境界的水平投影向采场内以不同距离缩小后得到的闭合边界，不同的距离围成的闭合圈就是最终边坡的水平投影，工程设计时一般将地表境界按照最终帮坡角下返，得到底部境界，但是最终帮坡角根据边坡稳定程度及代表性剖面计算取值。对于不设运输和清扫平台的低段台阶来说，如 1 个台阶、2 个台阶、3 个台阶的最终帮，按照安全平台宽度 3 m、坡面角 65° 计算，最终帮坡角分别为 65°、58°、53°，显然对于低段台阶来说，不能完全按照设计最终帮坡角进行取值，也就是最终帮坡角一般是截取边坡的代表性剖面形成的帮坡角，不代表境界坑周界的每一个剖面，在坑底境界设计时应注意这一点，所以设计底部境界时，应分段设计，对于低段台阶应根据段高、安全平台宽度、坡面角计算水平投影距离，对于高段台阶用边坡总高除以最终帮坡角的正切值，所得结果就是高段台阶的水平投影，或者利用矿业工程软件直接按照最终帮坡角下返。

利用平均宽度的最终帮坡角计算公式得到低段边坡的投影距离 S：

$$S = \sum_{i=1}^{n} \frac{H_i}{\tan \alpha} + (n-1)B \quad (n \leqslant 3)$$

式中　S——边坡投影距离，m；

　　　H_i——第 i 个台阶的高度，m；

　　　α——坡面角，°；

　　　B——安全平台宽度，m。

所以，二次圈定坑底境界时，应按照地形等高线分段设计：对设有安全、运输、清扫平台的高段最终帮，应按照最终帮坡角下返；对不设运输和清扫平台的低段，最终帮坡角应按照上式求得的投影距离确定。进行坑底境界设计时还要根据地形高程变化在地表境界线上布设下返坐标，地形变化较缓时少布置，地形变化较陡时适当多布置。

第六节　境界与边坡设计方法

一、开采深度与境界绘制

将多个剖面图的底部境界位置按照顺序在纵断面图上连接起来就是一个凹凸不平的折线图,表示合理开采深度。为了便于采掘和布置运输线路,需要对开采深度标高进行调底。调底应做到:长度上满足坑线设置要求,宽度上满足调车和采矿作业的要求。

根据设计开采深度沿煤层底板等高线围合成闭合圈即为底部境界,按照确定的底部境界位置绘制露天煤矿地表境界位置,形成初始境界范围图(见图3-9),然后在境界外保留地形图,地表境界与底部境界间分别布置台阶和运输道路生成终了境界。

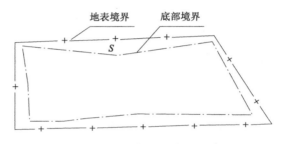

图 3-9　境界范围示意图

二、多台阶边坡设计方法与技巧

利用 Surpac 矿业软件对境界进行台阶设计。Surpac 矿业软件支持多台阶设计,可根据台阶高度、平盘宽度(即平台宽度)进行多台阶设计,如图3-10所示。

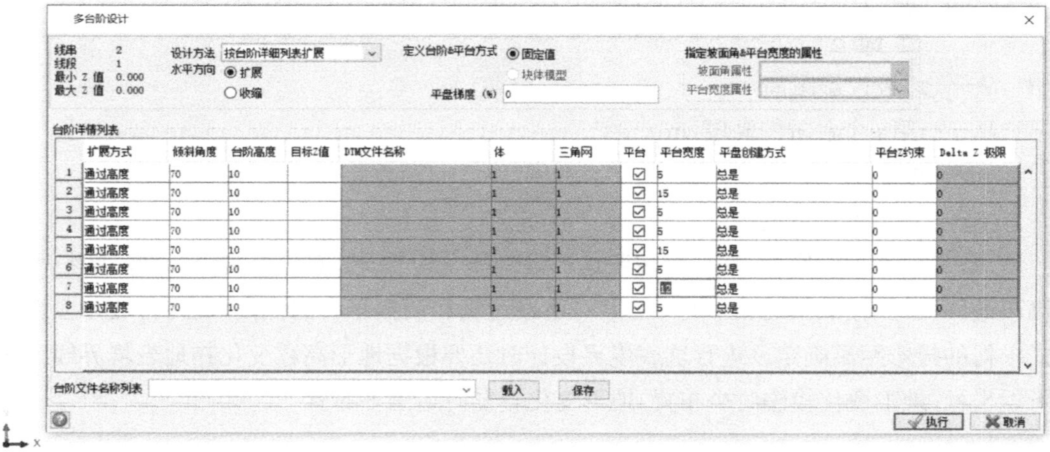

图 3-10　多台阶设计指令

　　多台阶设计简化了露天煤矿工程技术人员设计台阶的烦琐工作,极大地节约了时间。

　　多台阶设计大大提高了露天煤矿工程技术人员的效率,但最终境界设计还需要设计地形与地表境界,并与地形等高线进行比对和修改,最终完成境界设计坑,见图3-11。

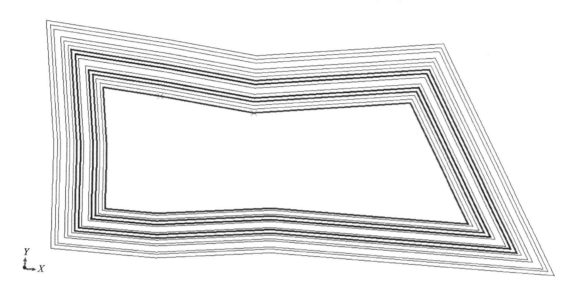

图 3-11　多台阶设计图

　　在计算机软件的辅助下,实现了多台阶快速设计,但是在境界设计过程中考虑到各台阶的布置和地形高差的变化,最终边坡设计的角度未必与确定的最终帮坡角相吻合,这是露天煤矿工程技术人员在台阶设计中经常面临的问题。最终帮坡角由安全平台、清扫平台、运输平台构成,每隔2个或3个台阶设置一个清扫平台,一般由3个或4个台阶组成一个单元。当台阶并段时,取消安全平台的设置,将各台阶依次组合起来并使得最终帮坡角符合要求,即可完成最终境界的设计。由王建鑫开发的露天开采测算软件 ECO MINE 根据最终边坡构成特点以及最终边坡并段情形的边坡设计特点开发了露天煤矿边坡设计模块,在给定基础数据的情况下,只需要固定任意几个平台的参数,在设计过程中软件会根据设计进度依次给出设计平台建议值;建议值仅供参考,软件会根据设计结果自动评价设计是否合理;比较有意义的是软件可辅助工程技术人员进行模块化自由设计,如图3-12所示。

　　假设某露天煤矿最终帮坡角为38°,台阶坡面角为70°,边坡高度(即总高)为120 m,根据需要设置3个20 m高的运输平台,平台宽度为20 m,根据需要依次将参数填入设计软件,参考软件给出的建议值,对最终边坡进行设计,如图3-13所示。

露天煤矿边坡设计模块				
参数输入	基本参数	最终帮坡角	台阶坡面角	边坡总高（m）
		38	70	120
	设计要求	固定台阶高度设定（m）	数量	需求平台宽度（m）
		20	3	20
		其他台阶高度（m）		
		10		
建议值	约束与默认	约束条件	设计台阶自动	建议中值
				9.9833
设计结果	设计台阶	平台自由设计宽度	建议宽度（自动）	
	第一AQ台阶	8.9166	建议值	9.9833
	第二AQ台阶	10	建议值	10.2500
	第三AQ台阶	15	建议值	10.3333
	第四QS台阶	8	建议值	8.0000
	第五AQ台阶	8	建议值	8.0000
	第六AQ台阶		建议值	
	第七YS台阶		建议值	
	第八AQ台阶		建议值	
设计结果			0	
结果为0表示设计结果符合要求，结果为正数表示宽度不足，结果为负数表示宽度过大。				

图 3-12   ECO MINE 软件设计窗口

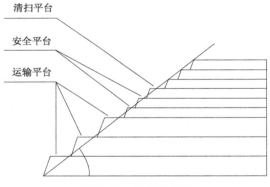

图 3-13   边坡设计图

三、多煤层境界定位

设计多煤层近水平露天煤矿地表境界和底部境界时,当最底部煤层位置确定后,其余煤层尚未在境界图中确定位置,这时要借助钻孔柱状图和勘探线剖面图量取端帮位置参与计算的煤层到地表和最底部的垂直距离,然后根据相似三角形定理进行求解。首先作最终边帮剖面图,坡顶顶点为 a,边坡上部参与计算的煤层底板线交最终帮边坡及坡高垂线于 b、c

点,底部煤层底板交最终帮边坡及坡高垂线于 d、e 点,如图 3-14 所示,那么根据相似三角形定理有

$$\frac{ac}{ae} = \frac{bc}{de}$$

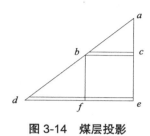

图 3-14　煤层投影

现以 d、b、a 三点向下垂直投影,得到 d、f、e 三点,由于 $bc = fe$,则有

$$\frac{bc}{de} = \frac{fe}{de}$$

于是有 $\frac{ac}{ae} = \frac{fe}{de}$,因此只需要掌握各煤层在剖面图上的高度与边坡总高比,就可以在地表境界和底部境界上作图,将地表境界和底部境界水平投影各点相连,依次按比例从地表境界水平投影各点或者特征点量取距离 fe 标定点位 f,最后依次将量取的各点连接形成闭合线,闭合线所围面积即为多煤层任一煤层的面积,也就是多煤层任一煤层的面积就是底部境界向内偏移距离 fe 形成的范围,距离 fe 为可变数值,其计算公式为

$$fe = ac\cot\beta$$

式中　fe——底部境界向内偏移距离;

　　　ac——多煤层到地表的垂直距离;

　　　β——最终帮坡角。

当确定境界后,这种方法可以快速实现多煤层的空间定位。

第七节　境界优化的方法

露天开采境界的计算机优化方法有三种:浮动圆锥法、动态规划法、L-G 图论法。

一、浮动圆锥法

浮动圆锥法又称移动圆锥法,20 世纪 60 年代初美国肯尼科特(Connecott)铜矿首先采用这种方法。首先要建立矿床三维模型,该三维模型指的是由无数块体构成的地质模型,这些块体被赋予一定的技术指标并具有三维属性,如煤层编号、发热量、比重等信息,境界优化需要计算出每一个块体的经济价值。

$$m_{ijk} = v_{ijk} - c_{ijk}$$

式中　m_{ijk}——第(i,j,k)块体的净利值;

　　　v_{ijk}——第(i,j,k)块体的价值;

　　　c_{ijk}——第(i,j,k)块体的成本。

由此可以构建一个三维块体经济模型,这是境界优化的准备工作。

浮动圆锥模拟的计算逻辑如下:首先在矿床范围内选取经济有利的块段,建立一个初始圆锥,以揭露矿体,便于采剥工程进一步发展。由初始位置发展出一系列的圆锥体移动增量,计算每个移动圆锥体范围内的岩石增量及净利增量,如净利增量为正值,则圈入境界,否则不予圈入。这样按逐个圆锥体计算结果所圈定的境界范围内累计净利值最大,即获得优化的设计开采境界。

浮动圆锥范围内总净利增量可依据下式求出:

$$\Delta M = \sum_{i=I_0-I_k}^{I_0+I_k} \sum_{j=J_1}^{J_2} \sum_{k=1}^{K_0} m_{ijk}$$

式中　ΔM——浮动圆锥范围内总净利增量;

　　　I_0、K_0——圆锥块体起始序号;

　　　I_k——第k水平计量边界所在行序号,$I_k = R_k/b$,其中R_k为第k水平圆周半径,b为矿岩块体底边长度;

　　　m_{ijk}——第(i,j,k)块体净利值;

　　　J_1、J_2——圆周上各点所在列序号。

对浮动圆锥范围内各矿块进行逐层搜索后,得到该浮动圆锥范围内的总净利增量,作为衡量取舍的依据。

胥孝川等在《露天煤矿最终境界优化实用算法》一文中指出最终境界的优化是基于最大境界开始的,最大境界的底部标高即最低煤层底板上最低点的标高,最大境界在地表的范围可以根据矿权界等圈定,在地表开采范围内的模柱上,构造一个锥面倾角等于最终帮坡角的锥体,如果模柱的底部标高大于或等于该模柱锥面的标高,什么也不用做;如果模柱的底部标高小于该模柱锥面的标高,把该模柱的底部标高提升至该模柱锥面的标高,见图3-15。

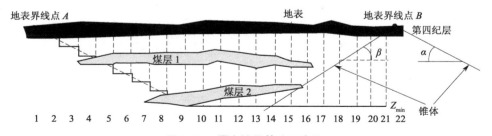

图3-15　最大境界算法示意图

二、动态规划法

动态规划法以矿块矩阵为基本计算单元,把问题划分为若干阶段,每一阶段又有诸多状态,然后根据各阶段状态之间的关系,找到最优解。动态规划法把矿床模型某剖面的每一列视为阶段,组成每一阶段的各模块视为状态,在 j 列中,为了开采 j 列中第 i 个模块,i 以上的所有模块都要开采,接着分析列与列之间的关系,为了开采（i, j）块,前一列中可以开采（$i-1$, $j-1$）块或（$i+1$, $j-1$）块,以形成合理的最终边坡,当最终边坡很陡时,还可以加上（$i+2$, $j-1$）和（$i-2$, $j-1$）块,使得开采得到最佳经济效益;若选择（$i-1$, $j-1$）块,那么在 $j-1$ 列中,其上部的模块都要开采,至于再前一列 $j-2$ 列中,可以从（$i-2$, $j-2$）、（$i-1$, $j-2$）、（i, $j-2$）中选择一块,使得经济效益最佳。如此不断发展,最终求得最佳开采境界,见图 3-16。

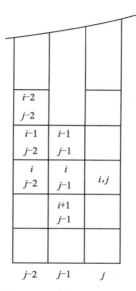

图 3-16　动态规划法原理

三、L-G 图论法

L-G 图论法是 1965 年由勒奇斯 - 格罗斯曼（Lerchs-Grossman）提出的具有严格数学逻辑的最终境界优化方法。首先用动态规划法实现了二维剖面上的优化,后来又采用基于图论的方法实现了三维实际数据的解算。L-G 图论法是在给定价值模型的情况下求总价值最大的开采境界(即最大闭包)的过程。

L-G 图论法的核心是将矿体量化到一个个块,不同块之间有开采顺序,如图 3-17 所示,如果要开采 18 号矿块,则必须开采 10、11、12 号矿块;同样,要开采 10 号矿块,则必须开采 2、3、4 号矿块,11 号矿块对应 3、4、5 号矿块……,这样就组成了一个有向图 G,并且每个矿块的价值(对于矿石为正值,对于岩石为负值)为有向图的权重。境界优化的目的是在该图中找一个权重之和最大的闭包(max-closure),见图 3-17。

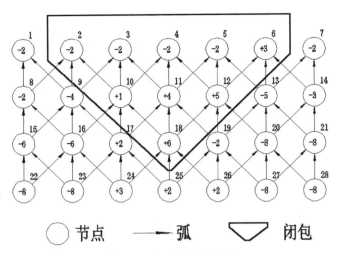

图 3-17   L-G 图论法原理

从图 3-17 可以看出有很多的有向图,图中节点即为矿床的微分块体,微分块体可以是矿体也可以是岩体,节点与节点直接的连接为弧,可以表示最终帮坡角。对于露天开采有向图需要满足一个最终帮坡角条件,所以节点的弧至少有三个,这些子图构成可行子图,我们可以把弧段看作箭,凡是触碰到箭头的节点则优先采掉,箭尾的节点则不动,表示节点的圆圈内的数值即为权重,就是块体价值。

在一个大的加权有向图中,满足这个条件——所有节点只有出的方向(弧段),没有进的方向——的子图,称为该图的一个闭包。如果该子图权重之和最大,则称最大闭包。

最大闭包求解的核心方法是将价值模型转换为正则树,根据一定的搜索策略,不断变换该树来逼近求解。

迈耶(Meyer,1969)发现,L-G 图论法求最大闭包的过程与线性规划求解的过程一致,线性规划描述如下。

目标:开采净利润最大。

条件:满足块之间的空间逻辑关系。

可以用运筹学的理论建立一个线性矩阵,利用整数规划理论来求解。

随着图论理论的发展,皮卡德(Picard)发现求图的最大闭包可用图的最大流最小割来实现,见图 3-18。

如果把图 3-18 视作一个输油管道网络,用 s 表示发送点,t 表示接收点,其他点表示中转站,各边的权重表示该段管道的最大输送量。如何安排输油线路使从 s 到 t 的总运输量最大,这样的问题称为最大流问题。编者针对最大流的搜索加以说明:最大流的搜索以权重作为比较,如图中 $\{s,1,3,t\}$ 路径,假设权重分别为 $\{3,4,5\}$,则最大流为 $\min(3,4,5)$,即为 3,继续沿 $\{s,1,3,t\}$ 搜索,应从第 2 个节点开始搜索,凡是下一节点权重数值小于初始路径上一节点的,都要进行割断,可以视为全部满足原路径的流量,即可行流,依次进行搜索与割断,直至找出路径的所有最大流之和。

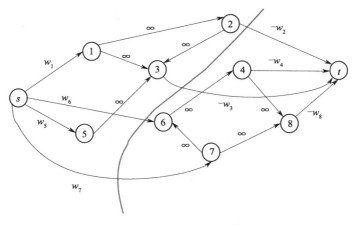

图 3-18　最大流原理

最大流问题就是求总流量最大的可行流,它是一个特殊的线性规划问题。图解法较线性规划的一般解法要直观、方便、快捷。

将上面的图一分为二,所有与分界线相交的正弧段实际流量之和最大的,为最小割,最大流等于最小割,最小割可以理解为路径断开处的权重之和,当所有路径都断开后,没有可行路径时,也就结束了最大流的搜索,此时将所有路径断开处节点权重相加即为最小割。

最大流问题就是通过权重不断搜索可行路径的过程,也就是在块体经济模型中搜索最佳经济境界的过程,最佳经济境界就是权重之和最大的闭包(即最大闭包)。

四、3Dmine 露天境界优化

对三维矿床建立块体模型后选择境界优化功能,对于露天煤矿一般选择"以矿石类型计算价值",即以矿石类型来计算矿的价值,见图 3-19。

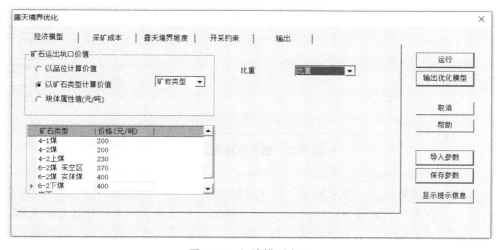

图 3-19　经济模型窗口

境界优化模块第二栏"采矿成本"根据矿山实际填入即可,见图 3-20。

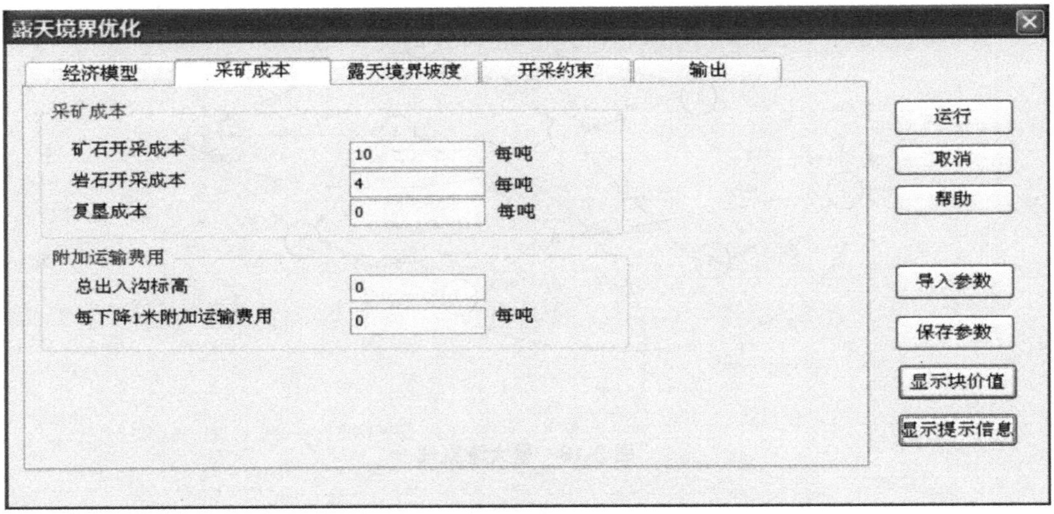

图 3-20　采矿成本窗口

　　境界优化模块第三栏"露天境界坡度"用于向优化器输入所需的边坡角参数,为方便起见,一般按照一种边坡角进行处理,见图 3-21。

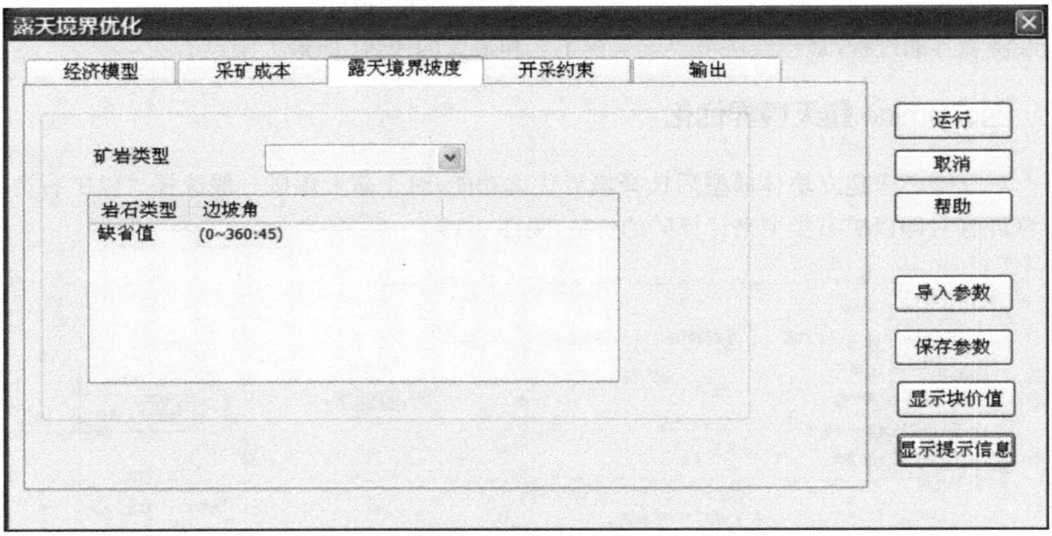

图 3-21　露天境界坡度窗口

　　境界优化模块第四栏"开采约束"用于向优化器输入计算范围的几何边界。其中平面开采约束是指设置在平面值方向的约束,用闭合线的内外来限定用于优化计算的范围,深度开采约束是指设置在 Z 值方向的约束。可指定某一标高以上为计算范围,也可指定某一表面以上为计算范围,见图 3-22,比如用含水层或某一煤层底板作为计算范围。

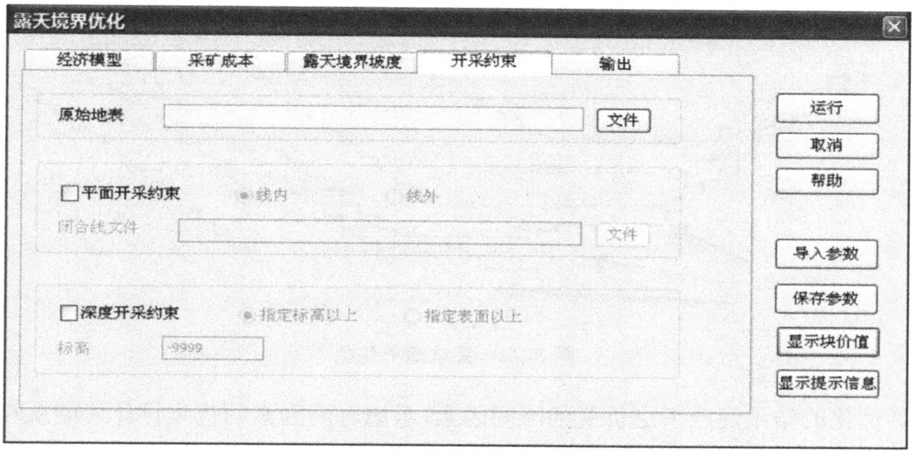

图 3-22　开采约束窗口

境界优化模块第五栏"输出"用于设置输出所需的各种参数,见图 3-23。

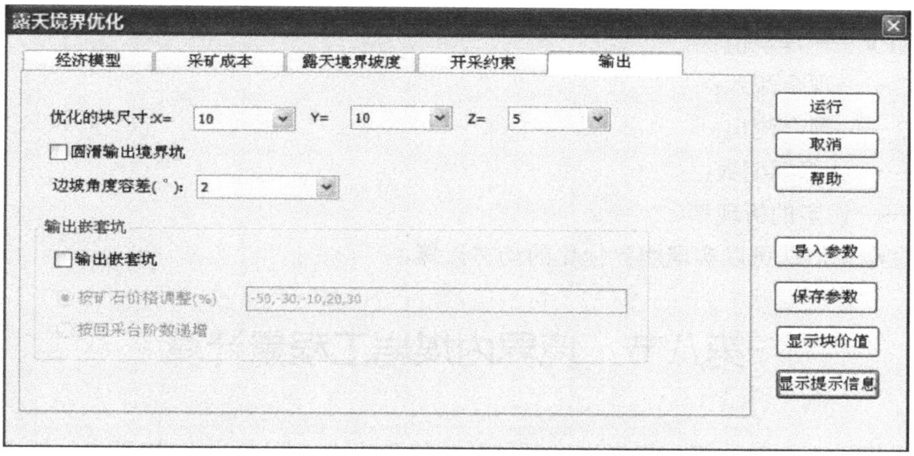

图 3-23　输出窗口

参数详解如下。

优化的块尺寸:设置优化块的尺寸,块的尺寸小,则优化精度高,同时运行时间长。

圆滑输出境界坑:圆滑输出生成的优化结果的数字地面模型(DTM)面。如果选择"按矿石价格调整",那么形如 -50、-30、-10、20、30 的参数表示在"经济模型"选项栏中所输入的矿石价格减少或增长的百分比。软件可根据价格的相应调整输出对应的嵌套坑,见图 3-24。

边坡角度容差:角度容差越小,则速度越慢,一般可以选择 4°。这是用于优化器内部计算的调整性参数。

输出嵌套坑:输出嵌套的 DTM 面,分析价格敏感度,分析首采区等。

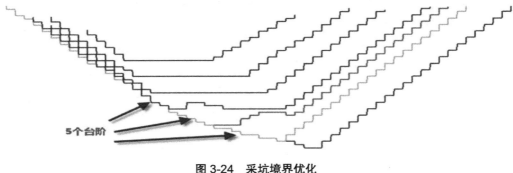

图 3-24　采坑境界优化

境界优化的结果还应考虑价值的时间因素,考虑时间因素的优化设计才能从真正意义上使得矿业企业获得最大利润,这时就需要采用净现值(NPV)指标进行境界优化的评价,净现值的计算公式为

$$NPV(t) = \sum_{t=0}^{n} (C_1 - C_0)_t (1+i)^{-t}$$

式中　NPV——净现值;

　　　C_1——现金流入;

　　　C_0——现金流出;

　　　t——计算期期数;

　　　i——设定的折现率。

通过净现值法可以实现境界优化的动态计算。

第八节　境界内煤岩工程量计算

露天煤矿工程量计算是指煤炭资源储量估算和岩土工程量计算,境界内估算煤岩工程量可以计算得出露天煤矿总剥离量和总可采煤量,可采煤量和岩土工程量是露天煤矿生产成本和收益的重要衡量指标。

一、境界内储量估算

储量估算是露天煤矿采矿设计的基础数据,它是露天煤矿全周期生产过程中的技术经济保障,是各项分析决策的依据。

(一)最低可采厚度边界线的确定

1. 相似三角形法

在矿区邻近的两个煤层钻孔,ZK01 钻孔煤层厚度符合最低可采厚度要求,ZK03 钻孔煤层厚度不符合最低可采厚度要求,利用相似三角形法作出煤层最低可采厚度边界线,见图3-25。

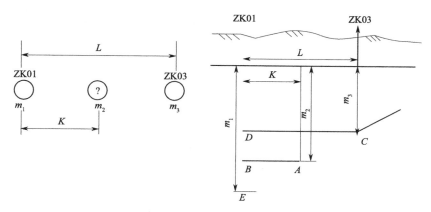

图 3-25　煤层钻孔图

ZK01 为可采煤层钻孔,煤层厚度为 m_1;ZK03 为不可采煤层钻孔,煤层厚度为 m_3;K 为钻孔 ZK01 与最低可采厚度边界线之间的距离;L 为钻孔 ZK01 与钻孔 ZK03 之间的距离;m_2 表示煤层最低可采厚度。

ZK01 钻孔煤层厚度为 m_1,ZK03 钻孔煤层厚度为 m_3,连接 ZK01 钻孔和 ZK03 钻孔,利用相似三角形原理,作平行线 CD 和 AB,其中 AB 长度即为 K 值:

$$K/L = (m_1 - m_2)/(m_1 - m_3)$$
$$K = L(m_1 - m_2)/(m_1 - m_3)$$

到 ZK01 的距离为 K 的所有点的连线即为最低可采厚度边界线。

2. 作图法

当钻孔 Z1 煤层厚度大于可采厚度,钻孔 Z2 煤层厚度小于或等于可采厚度时,利用图解法,首先连接两个钻孔,分别以两个钻孔为顶点,沿钻孔 Z1 向下作垂线,沿钻孔 Z2 向上作垂线,垂线长度等于钻孔煤层厚度,终点分别为 A 点和 B 点,A 点和 B 点的连线相交于两个钻孔的连线,交点为 P 点,P 点则为煤层最低可采厚度点,见图 3-26。

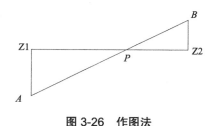

图 3-26　作图法

3. 有限推断法

矿区邻近的两个煤层钻孔,一个钻孔煤层厚度满足最低可采厚度要求,另一个钻孔未见煤,那么可以推断煤层最低可采厚度点在两个钻孔之间,由于推断范围是有限的,所以称有限推断法。

通常可以将两个钻孔连线的中点处作为煤层的尖灭点,利用插入法推断最低可采煤层厚度的位置。

当外围有低一类型地质控制程度的工程间距且见可采煤层时,可视煤层稳定程度按同类型工程间距的 1/4~1/2 外扩。也就是说,在达到了相应控制程度的勘查工程见煤点连线以内和连线以外以基本线距外扩 1/4~1/2 的距离所划定的全部范围内,都视为达到了相同的控制程度,而不再视为外推的范围。

(二)煤层厚度的确定

对于有夹矸煤层的采用厚度,确定方法具体如下。

(1)煤层中夹矸的单层厚度不大于 0.05 m(≤0.05 m)时,计算煤层采用厚度时,夹矸与煤分层可合并计算,但合并后全层的灰分或发热量指标应符合要求。如煤层结构为 0.65(0.04)0.75,采用厚度为 1.44 m;煤层结构为 0.65(0.06)0.75,采用厚度为 1.4 m。

(2)煤层中夹矸的单层厚度大于或等于所规定的煤层最低可采厚度(≥最低可采)时,被夹矸所分开的煤分层应分别作为独立煤层(见图 3-27 中 A),一般应分别计算储量。但夹矸仅见于个别煤层点时,可不必分层计算。

(3)煤层中夹矸的单层厚度小于所规定的煤层最低可采厚度,且煤分层厚度均大于或等于夹矸厚度时,上、下煤分层厚度应加在一起作为煤层的采用厚度。如煤层结构为 0.88(0.45)0.77,采用厚度为 1.65 m。

(4)对于复杂结构煤层,夹矸比较稳定,煤分层可以对比,应按上述(1)、(2)、(3)方法进行计算;当夹矸不稳定且各煤分层的总厚度大于或等于所规定的最低可采厚度,同时夹矸的总厚度不超过煤分层总厚度的 1/2 时,可将各煤分层的总厚度作为煤层的采用厚度(见图 3-27 中 B)。若超过 1/2,看哪个夹矸的单层厚度大于煤分层厚度,若有大于煤分层厚度的,矸石与分层煤层都要剔除(见图 3-27 中 C)。

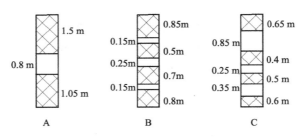

图 3-27　煤层结构图

需要说明的一点是,当煤层厚度不均匀、变化较大时不能按照算术相加进行平均计算,当勘探程度低、钻孔样品分布不均的时候,平均取值会产生较大误差,尤其是受特异值的影响较大,误差大小与煤层厚度变化、空间分布距离有关。

(三)储量估算方法

目前已知的储量估算方法有二十余种,包括算术平均法、等高线法、块段法、断面法、地质块段法、开采块段法、趋势面法、克里格法、距离幂次反比法等。下面介绍几种常用的储量估算方法。

1. 算术平均法

算术平均法指的是利用区域的总面积乘以区域内各钻孔的煤厚以及比重得到结果数值的一种方法。当煤层向边界逐渐尖灭时,储量计算可分为以下两种情况。

首先在储量计算图上圈出内边界线,内边界线以内用下式计算储量:

$$Q_1 = S_1 M_1 d_1$$

圈定最低可采厚度边界线后在内边界线与最低可采厚度边界线之间用下式计算储量 Q_2:

$$Q_2 = S_2 (M_n + M_m)/2 \times d_2$$

煤层总储量为

$$Q = Q_1 + Q_2$$

式中　Q——总储量;

Q_1——内边界线以内的储量;

Q_2——内边界线与最低可采厚度边界线之间的储量;

S_1、S_2——面积;

M_1——见煤点平均厚度;

M_m——煤层最低可采厚度;

M_n——内边界线上见煤点煤层厚度的算术平均值;

d_1、d_2——见煤点平均视密度。

2. 等高线法

等高线法是指在矿区煤层底板等高线上,以一定标高的等高线为计算边界,计算相邻等高线之间储量的方法。

$$Q_1 = S_1 M_1 d_1 = S/\cos \alpha M_1 d_1$$

式中　Q_1——计算块段的储量;

S_1——等高线之间的煤层真面积;

M_1——计算块段煤层平均厚度;

d_1——计算块段煤层平均视密度;

S——等高线之间的煤层平面积;

α——计算块段煤层倾角。

3. 地质块段法

根据矿床地质特点和条件或勘察工程将矿体划分为不同的块段,对于每个块段可以用算术平均法估算储量,最后将各块段储量相加得到总储量。地质块段法在钻孔密度大且均匀分布时估算精度较高,各块段的原始数据越多,估算精度就会越高。

4. 克里格法

根据矿区钻孔信息数据,得到一种线性、无偏、估计方差最小的估算方法,具体分为普通克里格法、指示克里格法、泛克里格法、析取克里格法、对数克里格法、随机克里格法、因子克里格法。下面对普通克里格法进行简要介绍。

假设被估块段 V 真实含矸率为 $z(V)$,估计含矸率为 $z^*(V)$,用来估算块段 V 的 n 个有效样品的含矸率为 $z(x_i)$($i=1,2,\cdots,n$),权系数为 λ,则有

$$z^*(V) = \lambda_1 z(x_1) + \lambda_2 z(x_2) + \cdots + \lambda_n z(x_n)$$

$$= \sum_{i=1}^{n} \lambda_i z(x_i)$$

区域化变量 $z(x)$ 在满足二阶平稳条件下推导得到估计方差:

$$\sigma_{\mathrm{E}}^2 = \sum_{i=1}^{n}\sum_{j=1}^{n} \lambda_i \lambda_j C(x_i, x_j) + \overline{C}(v, v) - 2\sum_{i=1}^{n} \lambda_i \overline{C}(x_i, v)$$

将约束条件 $\sum \lambda_j = 1$ 也引入目标函数之中,按拉格朗日乘数法求极值:

$$F = \delta_{\mathrm{E}}^2 - 2\mu\left(\sum_{j=1}^{n} \lambda_j - 1\right)$$

F 是 n 个权系数 λ_i($i=1,2,\cdots,n$)和 μ 的 $(n+1)$ 元函数,-2μ 是拉格朗日乘数,求出 F 对 n 个 λ_j($j=1,2,\cdots,n$)和 μ 的偏导数并令其为 0,得到普通克里格方程组

$$\begin{cases} \sum_{j=1}^{n} \lambda_j \overline{C}(v_i, v_j) - \mu = \overline{C}(v_i, V) \\ \\ \sum_{j=1}^{n} \lambda_j = 1 \end{cases} \qquad (j=1,2,\cdots,n)$$

5. 距离幂次反比法

距离幂次反比法简称 IDW 法,是一种空间距离插值方法,按照距离越近权重越大的原则,利用已知邻近值的距离指数幂次成反比的关系来拟合估计点的值。

$$Z(x) = \frac{\sum\limits_{i=1}^{n}\left(\dfrac{1}{D_i^w} Z(x_i)\right)}{\sum\limits_{i=1}^{n} \dfrac{1}{D_i^w}}$$

式中　　$Z(x)$——样品估计值;

　　　　$Z(x_i)$——第 i 个样品估计值;

　　　　D_i——参估点到待估点的距离;

　　　　w——幂指数;

　　　　i——参估点序号;

　　　　n——参估点总数。

距离的幂指数 w 对样品估计值的影响较大,幂次越高,矿体越平滑。

这种方法也是点云软件在生成数字高程模型(DEM)过程中常选用的插值法,如 LiDAR360 软件的数字高程模型的插值法。

二、岩土工程量计算

露天煤矿算量软件有南方 CASS、DiMine、Micromine、3Dmine、Maptek Vulcan、Surpac

等,其中南方 CASS 软件应用比较广泛。算量采用的方法一般有 DTM 土方计算、断面法土方计算、等高线法土方计算和方格网法土方计算。

20 世纪 50 年代,美国麻省理工学院的切尔斯·L. 米勒(Chaires L. Miller)首次提出数字地面模型(Digital Terrain Model,DTM)这一概念,它是表示地面起伏形态和地表景观的一系列离散点或规则点的坐标数值集合的总称。DTM 土方计算的原理是原始地貌测量坐标和现状测量坐标通过生成 DTM 来计算每个三棱锥的填挖方量,最终累计得到指定范围内的总填挖方量。断面法土方计算是用两个断面两期面积平均值乘以两个断面间距计算土方体积,该方法一般用于道路土方计算。等高线法土方计算是将两条等高线之间的体积近似认为是台体体积,该方法适用于地形起伏较大、坡度变化较大的地形。方格网法土方计算的原理是对计算区域进行网格均分,利用计算区域内上一期地貌测量坐标和现状测量坐标通过方格网来计算每个方格内的填方量和挖方量。由于露天矿呈台阶布置形式,工作帮坡角较小(一般为 15°~18°),平台宽且规则、平整,台阶变化连续,地形坡度较缓,又因方格网法计算结果直观,便于审计部门监察,这种方法被露天煤矿广泛使用。常用的方格网法计算土石方量的操作步骤介绍如下。

(1)数据准备。通过 GPS-RTK 测量仪器或者无人机测量设备对原始地形和现状地形坐标进行采集和汇总。采集地形数据时应注意剔除植被、建筑物、机械设备,如用无人机采集存在植被和建筑物的地形的数据时,可以采用点云分类软件将植被和建筑物分离,生成只有地面点的数字高程模型,通过数字高程模型转换为高程点和等高线。

(2)数据检查。通过 CASS 软件中"检查入库"功能下的"坐标文件检查"进行数据检查,以及通过生成三维视图或生成等高线进行检查,避免出现"飞点"。对于高程为 0 的数据(无编码)会存在直接展高程点展不出来的现象,需要先展野外测点点号或切换展点注记,然后再展高程点。

(3)绘制算量闭合线。根据范围线和内业数据整理绘制算量闭合线。

(4)建立 DTM。建立 DTM,计算机软件会自动生成三角网,三角网可以看作数据生成的网片,每三个相邻点会生成一个三角网。建立三角网以后要根据工作经验对三角网进行检查和修整,包括对三角网的构成、重组、增删等进行合理处理。另外,由于三角网存在边线压覆现象,三角网处理过程容易造成三角网连接不全,又由于露天煤矿边坡呈阶梯式构成,所以在构建 DTM 三角网时,首先应勾画台阶坡顶和坡底的特征线(或称地性线),这样可以避免三角网组网时穿越台阶坡顶和坡底,保存关键的地形特征,更接近真实地形。

(5)三角网存盘。处理后的三角网要及时进行存盘处理,为后续算量做准备。

(6)方格网法计算。在 CASS 软件中选择"工程应用"中的"方格网法土方计算",选择计算区域边界线,依次按照提示进行操作,选择相应的方格网尺寸,即可得出计算结果。需要注意的是,方格网法计算土石方量的精度与网格边长有关,网格边长越小,精度越高。

(7)计算结果。由于露天煤矿测量验收多采用连续计量方式,每次方格网挖方计算结果应等于挖方量减去填方量,主要有两个原因:一是避免场地填方作为下次计算的初始地形而导致二次计算的情形;二是消除因测区测点的精度、密度等带来的局部累积误差。

三、端帮量计算

端帮从边坡纵剖面上看是三角形,从水平投影上看是地表和底部境界投影分别围成的闭合圈,为简化计算,假设围成的闭合圈呈圆形或矩形,如果把端帮切分成无数个边坡剖面,当把无数个边坡剖面按照一定的间距并列展开成一排,同时边坡底部标高不变时,边坡剖面的总长度可近似地认为是所有边坡剖面水平投影的中点连线的长度,见图 3-28。

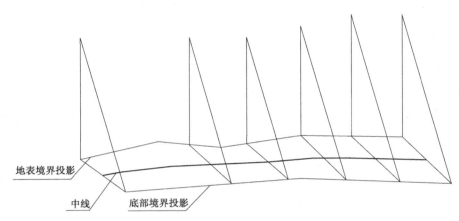

图 3-28   边坡投影排列图

对于均匀布置设计下返坐标的露天煤矿,端帮量为

$$V = \frac{L}{2}\left\{\left[\sum_{i=1}^{n}\frac{H_i}{\tan\alpha} + (n-1)B\right]\sum_{i=1}^{n}H_i + \left(\sum_{j=1}^{m}\frac{H_j}{\tan\alpha} + \sum_{i=1}^{m_1}a_i + \sum_{i=1}^{m_2}b_i + \sum_{i=1}^{m_3}c_i + \sum_{i=1}^{m_4}d_i\right)\sum_{j=1}^{m}H_j\right\}$$

式中 V——端帮量,m^3;

H_j——高段整体台阶高度,m;

H_i——低段整体台阶高度,m;

α——坡面角,°;

B——安全平台宽度,m;

a_i——高段边坡安全平台宽度;

b_i——高段边坡清扫平台宽度;

c_i——高段边坡水平运输平台宽度;

d_i——高段边坡倾斜运输平台宽度;

L——各边坡水平投影中点连线长度,m;

m_1——安全平台数量;

m_2——清扫平台数量;

m_3——水平运输平台数量;

m_4——倾斜运输平台数量。

下面对端帮压煤量进行讨论。端帮压煤量分为单一煤层压煤量和多煤层压煤量。对于

单一煤层,端帮压煤量的范围实际上就是地表境界和底部境界的投影围合的环形面积 S,见图 3-29。

单一煤层压煤量为

$$V = Sh\gamma$$

式中　V——单一煤层压煤量,t;

S——围合面积,m²;

h——煤层厚度,m;

γ——比重,t/m³。

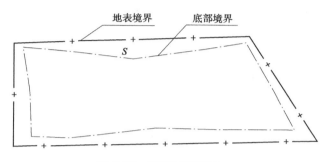

图 3-29　压帮区域投影

多煤层赋存高度不一致,导致底部境界的围合面积大于其他赋存煤层的围合面积,可以根据多煤层境界定位原理,分别确定多煤层位置和面积,然后根据压煤量公式计算端帮压煤量。

第四章 露天煤矿系统设计

随着生态环境、地质环境、林地资源、草地资源、水资源等的保护日益规范、严格,露天煤矿间断式开采工艺应进一步严格化、规范化,从钻爆、采装、运输、排土四大环节转换为钻爆、采装、运输、排土、复垦五大环节。复垦严格来说是生态修复,任何一个露天煤矿从开挖土地开始,就有责任和义务去履行复垦绿化工作,对开挖后的生态环境进行修复治理。所以,露天煤矿开采五大环节之间应紧密联系,统筹规划,开采一片、回填一片、复垦一片,循环滚动使用土地资源,使土地使用与恢复动态协调进行。

第一节 露天煤矿采剥程序

从开采程序来说,露天煤矿开采分为全境界开采、分区开采、分期开采、分区分期开采和陡帮开采。对于走向长度大的露天煤矿宜选择分区开采,对开采深度大的露天煤矿宜选择分期开采。

从工作台阶开采方式来说,露天煤矿开采分为台阶全面开采(即缓帮开采)和台阶轮流开采(即陡帮开采)。

从工作线布置形式来说,露天煤矿开采分为工作线沿走向布置、斜向布置、垂直于走向布置、L 形布置、U 形布置和环形布置。

下面依次对露天煤矿的采剥程序进行阐述。

一、拉沟位置选择与采区划分

(一)拉沟位置选择原则

(1)埋藏浅,剥采比小。

(2)勘探程度高,煤质好,厚度大;

(3)内排条件好,运距短;

(4)利于工业广场布置,外部运输条件较好。

(二)采区划分原则

(1)根据煤矿现状、矿区范围进行划分。

(2)根据开采的工艺特点、工艺要求进行划分。

（3）应考虑横穿矿区的道路等设施、采区转向、重复剥离量、工作线长度。

（4）开采次序为先优后劣，兼顾采场内外衔接关系。

（三）采区过渡方式

露天煤矿采区过渡方式一般分为重新拉沟过渡、缓帮过渡和扇形过渡。

二、工作线布置形式及推进方式

工作线布置形式及推进方式是采剥工程在水平方向的发展特征。对同一采场，不同的工作线布置形式及推进方式会导致采剥工作线长度和推进强度也不相同，从而影响露天煤矿的生产和管理能力。

工作线布置形式有以下几种。

（1）工作线沿走向布置，即纵向采剥，是指采剥工作线沿矿体（煤层）走向布置，沿倾向或横向推进，工作线较长，便于布置开拓运输线路。

（2）工作线垂直于走向布置，即横向采剥，是指采剥工作线垂直于矿体（煤层）走向布置，沿矿体走向移动，工作线较短，适合汽车运输工艺和胶带运输机工艺系统。

（3）工作线 L 形、U 形布置，即双向和三向推进，在这种布置形式下初设采剥工作线一般以基坑形式建立，适合汽车运输工艺。

（4）工作线环形布置，在这种布置形式下采剥工作线呈封闭圈状态，其长度是不断变化的。

三、采场降深

采场降深是指随着工作线的推进，采剥作业不断降低开采水平的过程。新水平开段沟的位置就是采场降深的位置，一般的降深方式为沿露天矿境界非工作帮掘出入沟→开段沟→扩帮→新水平准备→再掘下一水平出入沟，如此完成一个循环。露天矿在山坡地段时，开段沟通常沿地形等高线布置，降深方向与山坡倾斜方向一致，采用单壁堑沟。

四、陡帮开采

纵向采剥和横向采剥的工作帮形式属于采剥台阶独立作业的缓帮结构，即采场工作帮上的每一个工作台阶都布置采运设备。所有台阶都处于作业状态，采剥并举，全面开采。因而，每个台阶宽度都要大于或等于最小工作平盘宽度，工作帮坡角较小，一般为 8°~15°。

陡帮开采是指在工作帮上把台阶分为作业台阶和暂不作业台阶，以增大整体帮坡角，创造陡剥岩帮的采剥方法。陡帮开采工作帮坡角一般为 16°~35°。

（一）陡帮开采的作业方式

1. 工作帮台阶依次轮流开采

工作帮台阶依次轮流开采也称倾斜条带开采，即露天矿整个工作帮由一台挖掘机在采剥台阶上自上而下轮流进行开采。采剥至最下一个台阶后返回最上一个台阶开始采剥工作。

采用这种作业方式时,剥岩带上只有一个台阶在作业,其余台阶均处于暂不作业状态,留设平盘宽度较小,能最大限度地加陡工作帮坡,获得较好的经济效益,如图4-1所示。

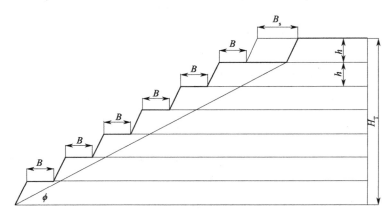

图4-1　台阶依次轮流开采

采用这种方式时,工作帮坡角可以增大到25°~35°或更大,但必须始终满足以下条件:

$$Q \geqslant \frac{B_s H_T L'}{T'}$$

式中　　Q——一台或一组挖掘机的生产能力;

　　　　B_s——剥岩条带宽度;

　　　　L'——露天矿场走向长度或剥岩区长度;

　　　　T'——剥岩周期;

　　　　H_T——剥岩帮高度。

2. 工作帮台阶分组轮流开采

工作帮台阶分组轮流开采也称组合台阶开采,其实质是将工作帮上的台阶划分为若干组,每组有2~5个台阶,每组台阶由一台挖掘机开采,挖掘机在台阶上自上而下依次进行开采。在一组台阶内只留一个工作台阶,其余台阶均处于暂不作业状态,所留台阶平台宽度较小,这样就能大幅度地加大工作帮坡角。

台阶分组轮流开采时,只要与相邻组的挖掘机之间保持一定的水平距离,就可以保证安全生产。

组合台阶开采不仅可以均衡生产剥采比,还可以针对露天煤矿采矿用地、征地等制约因素实现生产接续。

3. 台阶挖掘机尾随开采

一台挖掘机尾随另一台挖掘机向前推进,向前的和尾随的挖掘机构成一组,组内有若干台挖掘机同时作业,根据剥岩生产能力的要求,可以布置两组或三组。

当采用台阶挖掘机尾随开采时,在工作帮任何一个垂直剖面上,每组内只有一个台阶在作业,保持最小工作平盘宽度,其他台阶只留运输平台,故可以加大工作帮坡角。

4. 并段爆破、分段采装作业

这种方式主要通过减小爆堆占用的宽度来加大工作帮坡角。并段爆破这种方法还有一个优势是减少爆破频次,减少机械设备因爆破移动频次、移动量、临时停工时间等。

(二)陡帮开采的结构参数

1. 工作帮及工作帮坡角

工作帮由作业台阶、运输道路和暂不作业台阶组成。

工作帮上台阶的平盘宽度由剥岩条带宽度 B_s 和暂不作业台阶的平台宽度 b 组成(见图 4-2),作业台阶最小工作平盘宽度取决于采掘设备作业空间和汽车调车入换方式。

$$N = \frac{vH_T L}{Q}$$

式中　N——同时作业的台阶数量;

　　　v——工作线的水平推进速度,m/a;

　　　H_T——剥岩帮高度,m;

　　　L——采区长度,m;

　　　Q——挖掘机生产能力,m³/a。

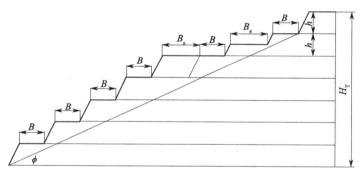

图 4-2　陡帮开采工作帮构成

暂不作业台阶的平台宽度 b 应满足 $0 \leqslant b \leqslant B_{min}$。当 $b = B_{min}$ 时,工作帮形式为陡帮开采;当 $B = 0$ 时为并段状态。

2. 剥岩条带宽度

剥岩条带宽度 B_s 与工作帮坡角 ϕ 负相关,即剥岩条带宽度越小,工作帮越陡,后期剥岩量就越多,故当期生产剥采比小,当期经济效益较好,但采剥和运输设备上下调动频繁。

剥岩条带的最小宽度 B_{smin} 满足:

(1) $B_{smin} = B_{min} - b$,一般为 10~15 m;

(2) $B_{smin(i)} = T'V_{T(i)} = T'V_{y(i)}(\cot \phi_{c(i)} \pm \cot \delta)$。

式中　B_{smin}——剥岩条带的最小宽度,m;

　　　$B_{smin(i)}$——第 i 期推进量,m;

$V_{T(i)}$——第 i 期工作线水平推进速度，m/a；

$V_{y(i)}$——第 i 期采剥工程年延深速度，m/a；

δ——采矿工程延深角，°（上盘取正号，下盘取负号）；

$\phi_{c(i)}$——第 i 期工作帮坡角，°。

b——暂不作业台阶的平台宽度，m；

T'——剥岩周期，a。

第二节　生产能力与服务年限

露天煤矿的生产能力直接影响露天煤矿的设备数量、工作线布置、生产成本和经济效益；露天煤矿的服务年限就是矿山的生命周期，服务年限过长或过短都会影响企业的经济效益。

一、生产能力确定的方法

（一）从技术角度确定建设规模

根据露天煤矿井田尺寸、开采工艺、工作线布置情况、工作线推进方式、采煤方式选定生产能力，如按矿山工程发展速度确定生产能力、按新水平开拓准备时间确定（验证）生产能力、按工作帮上可能有的采矿工作面数确定（验证）生产能力，以及以 V-$f(p)$、L=$f(T)$ 曲线为基础，通过台阶高度 H 建立 P=$f(T)$ 曲线，从而确定露天矿的生产能力。

（二）从经济角度确定建设规模

根据煤炭市场供求关系、煤炭价格、煤矿平均剥采比、生产成本、财务成本等选定生产能力。

（三）按矿区外运条件确定建设规模

按照煤矿运输条件、周边交通情况选定生产能力。

（四）按生产能力类型确定建设规模

《煤炭工业露天矿设计规范》（GB 50197—2015）规定，露天煤矿按生产能力应划分为特大型、大型、中型和小型，类型划分标准应符合：特大型露天煤矿设计生产能力应等于或大于 20 Mt/a；大型露天煤矿设计生产能力应等于或大于 4 Mt/a 至小于 20 Mt/a；中型露天煤矿设计生产能力应等于或大于 1 Mta/ 至小于 4 Mt/a；小型露天煤矿设计生产能力应小于 1 Mt/a。

（五）按泰勒公式确定生产能力

国际上常用泰勒公式确定生产能力，可以将此公式作为参考。

$$T=6.5\sqrt[4]{R}（1\pm0.2）$$

式中　T——矿山设计服务年限，a；

　　　R——储量，Mt。

根据计算得出的矿山服务年限，最后确定矿山生产能力。

二、露天煤矿服务年限

当露天煤矿确定生产能力后，根据露天煤矿划定境界内可采原煤量即可计算服务年限。露天煤矿设计服务年限为

$$T=Q_m/(P\cdot K)$$

式中　T——露天煤矿设计服务年限，a；

　　　Q_m——原煤量，万 t；

　　　P——露天煤矿生产能力，万 t/a；

　　　K——储量备用系数。

《煤炭工业露天矿设计规范》（GB 50197—2015）规定，露天煤矿设计服务年限应根据设计生产能力确定，见表 4-1。

表 4-1　露天煤矿设计服务年限

矿型	设计生产能力（Mt/a）	设计服务年限（a）	
		新建露天煤矿	改建扩建露天煤矿
特大型	≥ 20	≥ 40	≥ 35
大型	≥ 4 且 < 20	≥ 35	≥ 30
中型	≥ 1 且 < 4	≥ 20	≥ 15

计算服务年限时，采用 1.1~1.2 的储量备用系数。

第三节　剥离和采煤参数设计

一、台阶高度的确定

台阶高度应根据露天矿岩土体物理力学性质、工艺特点、开采设备规格、开采要求等因素综合考虑确定。对采煤和剥离的台阶高度一般依据岩土体和煤层物理力学性质、开采设备规格确定。

此外，可以通过挖掘机最大挖掘高度确定台阶高度，如设备采用液压挖掘机，最大挖掘高度为 9.24 m，根据《煤矿安全规程》，不需要爆破的岩土台阶高度不得大于最大挖掘高度；需要爆破的煤、岩台阶，爆破后爆堆高度不得大于最大挖掘高度的 1.1~1.2 倍，可以拟定台阶

高度为 10 m。需要说明的是,台阶高度要结合岩土物理力学性质、工艺特点、基建工程量来综合确定。

二、台阶坡面角的确定

台阶坡面角的大小取决于岩土物理力学性质、岩层构造、钻爆方法等,一般台阶坡面角取值见表 4-2。

表 4-2　一般台阶坡面角取值

矿岩强度系数	15~20	8~14	3~7	1~2
台阶坡面角(°)	75~85	70~75	60~70	45~60

三、采掘带宽度的计算

根据开采工艺特点,采掘带越宽,在年推进速度相同的情况下,年工作面坑线移设次数越少,系统效率越高。但采掘带宽度增大会导致工作帮坡角变小,从而使剥离工程量增加。采掘带宽度按下式计算:

$$A = H \cot \alpha + (n-1)b + C$$

式中　A——采掘带宽度;

　　　H——台阶高度;

　　　b——炮孔排距;

　　　n——炮孔排数;

　　　α——台阶坡面角;

　　　C——钻孔边距。

四、最小工作平盘宽度的确定

平盘宽度主要由工作帮采掘带宽度、运输通道宽度、台阶坡顶线的安全距离等决定,见图 4-3。

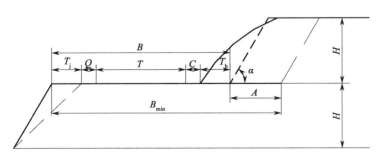

图 4-3　最小工作平盘示意图

$$B_{\min} = T_j + Q + T + C + T_b + A$$

式中　$B_{\min}$——最小工作平盘宽度；

　　　T_j——坡肩安全距离；

　　　Q——其他设施通道宽度；

　　　T——运输通道宽度；

　　　C——安全距离；

　　　T_b——爆堆伸出距离；

　　　A——采掘带宽度。

最小工作平盘宽度的确定方法：采掘带宽度 $A=(1{\sim}1.5)R_{wz}$，R_{wz} 为最大挖掘半径，根据矿区生产技术条件确定采掘带宽度 $A=12$ m，根据《煤炭工业露天矿设计规范》（GB 50197—2015），需要爆破的岩层和煤层的采掘带宽度应按爆堆宽度等于单斗挖掘机站立水平挖掘半径的 1.5 倍或按一次采掘带宽度的整数倍确定，如表 4-3 所示。

表 4-3　某露天煤矿最小工作平盘要素表

符号	符号含义	单位	要素值	
			采煤	剥离
H	台阶高度	m	煤层自然厚度	10
A	采掘带宽度	m	12	12
α	台阶坡面角	°	70	土 65,岩 70
T_j	坡肩安全距离	m	2	3
T_b	爆堆伸出距离	m	3	5
T	运输通道宽度	m	12	12
C	安全距离	m	1.5	1.5
Q	其他设施通道宽度	m	1.5	1.5
B	通路平盘宽度	m	20	23
$B_{\min}$	最小工作平盘宽度	m	32	35

五、掘沟最小沟底宽度的计算

最小沟底宽度一般与汽车调车方式有关，当采用汽车运输回返调车时最小沟底宽度为

$$b_{\min} = 2(R_a + 0.5B_a + e)$$

式中　R_a——汽车转弯半径，m；

　　　B_a——汽车车厢宽度，m；

　　　e——汽车边缘至沟帮的距离，一般为 0.5 m。

假设现有型号为 MT86H 的潍柴矿用卡车，载重 86 t，车宽 3.55 m，最小转弯半径为 11 m，则 $B_{\min} = 26.55$ m。

六、工作帮坡角的计算

根据近水平露天煤矿的开采推进和发展规律,并结合工程设计要求,对工作帮坡角改进算法,当煤台阶和剥离台阶均保持各自最小工作平盘宽度或者当岩土台阶工作平盘宽度基本一致时,工作帮坡角可以按下式计算:

$$\tan\theta = \frac{\sum_{i=1}^{n} H_i + \sum_{j=1}^{m} H_j}{\sum_{i=1}^{n}\left(\dfrac{H_i}{\tan\alpha} + B_1\right) + \sum_{j=1}^{m}\left(\dfrac{H_j}{\tan\alpha} + B_2\right)}$$

式中 θ——工作帮坡角,°;

H_i——具有工作平盘的第 i 个煤台阶的高度,m;

H_j——具有工作平盘的第 j 个岩石台阶的高度,m;

α——坡面角,°;

B_1——煤层平台宽度,m;

B_2——岩石平台宽度,m。

这种计算方法较为简单,适用于缓工作帮单一煤层或多煤层的帮坡角计算。当平盘宽度不一致时,可进行算术平均后,将算术平均值作为平台宽度,见图4-4。

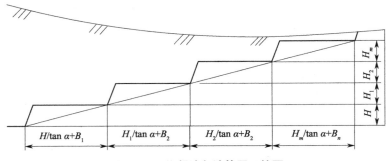

图 4-4   工作帮坡角计算原理简图

(注:最下层是煤层)

对于同一区域,如鄂尔多斯地区露天矿群,由于地形地貌和岩土物理力学性质基本相似,所以露天矿台阶技术参数相差不大,当工作平盘宽度基本相似时,可以对其他矿山工作帮坡角进行类比。以下列举露天煤矿的几个台阶技术参数,如果为单一近水平煤层,则工作帮坡角的正切值即为工作帮边坡总高与岩石台阶投影和煤台阶投影之和的比值,假设煤层厚度为 5 m,则单一煤层工作帮坡角为 13°,如表 4-2 所示。

表 4-4　某露天煤矿单一煤层工作帮参数表

单一煤层工作帮参数统计				
煤台阶参数	坡面角 α(°)	段高 H(m)	坡面水平投影长 $H/\tan \alpha$	最小工作平盘 B (m)	单一煤层工作帮坡角 (°)
5 m 煤台阶	70	10	3.64	煤 32,岩 35	13
10 m 煤台阶	70	10	3.64	煤 32,岩 36	15

七、工作线设计

对于近水平露天煤矿,尤其是单斗 - 汽车运输工艺露天煤矿,生产成本主要为土石方费用,而土石方费用可分为钻孔爆破费、采装排弃费、运输费、洒水降尘费、辅助维护费等。一般来说,运输费用占比最高,运输费用与排土路径、工作线长度有关,工作线过长则运距增加,工作线过短则达不到生产需要,一般工作线长度的计算公式如下:

$$X = \frac{A_p}{Sh\gamma\eta}$$

式中　X——工作线长度;

　　　A_p——年采煤量;

　　　S——年推进速度;

　　　h——煤层累计厚度;

　　　γ——煤的比重;

　　　η——回采率。

在露天煤矿采排安全距离一定的情况下,对于近水平矿床,先看工作线与生产剥采比的关系,生产剥采比为

$$N = \frac{V}{A_p} = \frac{H}{h\gamma} + \frac{H(H+h)\cot \beta}{1\ 000h\gamma}\frac{1}{x}$$

式中　N——生产剥采比,m³/t;

　　　V——年剥离量,m³/a;

　　　A_p——年采煤量,t/a;

　　　H——覆盖厚度,m;

　　　h——煤层厚度,m;

　　　γ——煤的比重,t/m³;

　　　β——端帮边坡角,°;

　　　x——工作线长度,km。

由此可以看出,对于近水平露天煤矿,在覆盖厚度一定的情况下,生产剥采比与工作线长度成反比。

近水平露天煤矿经济工作线长度为

$$x_0 = \sqrt{\frac{(H+h)\cot\beta(C_1+C_2 b)}{1\,000 C_2 a}}$$

式中 x_0——经济工作线长度，km；

　　　　H——覆盖厚度，m；

　　　　h——煤层厚度，m；

　　　　β——端帮边坡角，°；

　　　　C_1——单位钻爆采排费，元/m³；

　　　　C_2——单位运输费，元/m³；

　　　　a——排弃路线系数，双环时取 1/2，单环时取 1；

　　　　b——排弃影响距离，取决于端帮运输距离。

采用双环内排时，

$$b = \frac{H+h}{2\,000}(\cot\varphi + \cot\alpha + 2\cot\beta) + m$$

式中 α——内排工作帮坡角，°；

　　　　φ——工作帮坡角，°；

　　　　m——采场与排土场安全距离，m。

采用双环内排时，经济工作线长度为

$$x_0 = \sqrt{\frac{(H+h)\cot\beta\left\{C_1 + C_2\left[\dfrac{H+h}{2\,000}(\cot\varphi+\cot\alpha+2\cot\beta)+m\right]\right\}}{500 C_2}}$$

式中 x_0——经济工作线长度，km；

　　　　H——覆盖厚度，m；

　　　　h——煤层厚度，m；

　　　　β——端帮边坡角，°；

　　　　C_1——单位钻爆采排费，元/m³；

　　　　C_2——单位运输费，元/m³；

　　　　φ——工作帮坡角，°；

　　　　α——内排工作帮坡角，°；

　　　　m——采场与排土场安全距离，km。

以上 C_1 和 C_2 将剥离费用分解为采排费和运输费。

某近水平露天煤矿平均覆盖厚度为 100 m，煤炭容重为 1.28 t/m³，煤层平均厚度为 10 m，工作帮坡角为 15°，端帮边坡角为 38°，内排工作帮坡角为 20°，沟底安全宽度为 0.1 km，钻爆采排费为 3.5 元/m³，运输费为 3 元/m³，采用双环内排，将有关参数代入经济工作线长度计算公式得 $x_0 = 740$ m。

由以上公式可知，排弃路线系数采用双环时经济工作线变长，采用单环时经济工作线变短；最终帮坡角越小，经济工作线越长；钻爆采排费越大，经济工作线越长；采排之间安全距离对经济工作线长度的影响较小,经济工作线长度与运输费用成反比,运输费用越大,经济工作线越短。

顾冬冬等在《纳林庙灾害治理项目治理首区工作线长度优化》一文中为分析比较不同工作线长度下年产能、内排运距、剥采比和吨煤成本的变化情况,将工作线长度每增加200 m作为一组开采方案,共设置10组开采方案进行比较,当超运距补贴单价占综合剥离单价比重增加时,经济工作线长度会缩短,反之经济工作线长度将增加,并绘制经济工作线长度与吨煤成本的关系曲线,以得出最优经济工作线长度。

八、房柱式老采空区安全厚度的确定

内蒙古自治区鄂尔多斯市8.7万km²的土地下含煤面积约占70%,2005年辖区煤矿全部采用房柱式采煤法,境内老采空区面积约为307.61 km²,部分区域自燃着火,由于房柱式采煤采用"采七留八""采四留五"等方式留煤柱,多数露天煤矿也是在原房柱式开采的井工矿基础上进行技术改造的,房柱式老采空区给露天开采带来重大安全隐患。

赵登娟等在《平朔东露天矿采空区上覆岩层安全厚度研究》一文中采用不同的理论方法综合分析了平朔东露天煤矿采空区上覆岩层厚度与采空区跨度的关系,见图4-5。

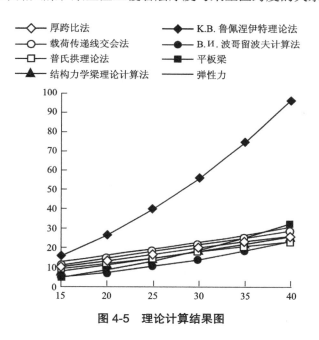

图4-5　理论计算结果图

通过采用UDEC离散元分析程序对采空区上覆岩层厚度与采空区跨度的关系进行数值模拟,模拟结果与理论计算值趋势一致。

采空区上覆岩层安全厚度计算方法有厚跨比法、K.B.鲁佩涅伊特理论法、B.И.波哥留波夫计算法、普氏拱理论法、载荷传递线交会法、结构力学梁理论计算法、"三下"公式计算法等。下面列举几项常用的计算方法。

(一)"三下"公式计算法

"三下"公式计算法即厚煤层分层开采的垮落带高度计算公式,根据岩石单轴抗压强度数值选择相应公式,以岩石单轴抗压强度 10~20 MPa 为例,

$$H_k = 100\Sigma M / (4.7\Sigma M + 19) \pm 2.2$$

式中　H_k——垮落带高度,m;

　　　ΣM——累计采厚,m。

公式应用范围:单层采厚 1~3 m,累计采厚不超过 15 m。最终安全厚度取值常在此计算结果基础上增加一定厚度的安全储备高度。

(二)厚跨比法

当采空区顶板为完整顶板时,采用厚跨比公式计算安全厚度:

$$H = 0.5KD$$

式中　H——安全厚度,m;

　　　K——安全系数,根据上覆岩层载荷大小和性质取 1~3 之间数值;

　　　D——采空区跨度,m。

(三)载荷传递线交汇法

当采空区顶板上部载荷由顶板中心按照与竖直线呈 30°~35° 扩散角向下传递时,若传递线在与顶板交点的外侧时,顶板载荷和岩层自重由采空区围岩支撑,此时顶板是稳定的,计算公式为

$$H = 0.5D / \tan \beta$$

式中　H——安全厚度,m;

　　　D——采空区跨度,m。

　　　β——载荷传递线与竖直线夹角,°,一般在 30°~35° 之间取值。

(四)普氏拱理论法

普氏拱理论是 1907 年由俄国采矿学家普罗托季亚科诺夫提出的一种计算山岩压力的方法。采空区上部顶板及两侧因受到压力作用形成稳定的压力拱,则认为采空区顶板稳定,其计算公式为

$$H = \frac{0.5D + h\tan(45° - \theta/2)}{f}$$

式中　H——安全厚度,m;

　　　D——采空区跨度,m;

　　　h——采空区最大高度,m;

　　　θ——上覆岩层内摩擦角,°;

　　　f——岩石普氏系数,$f = R/10$(其中 R 为岩石单轴抗压强度,单位为 MPa)。

九、复合煤层分层选采设计

复合煤层分层选采有利于提高煤质,提高工作效率。采煤过程中矸石的混入主要是煤层的顶底板岩石、小夹矸以及煤层断面矸石的混入。分层选采根据露天矿采选设备和煤层柱状图统筹决定,对于直接入洗煤层可以根据复合煤层柱状图进行相邻煤层及夹矸组合混采,即相邻几个煤层和小夹矸一并开采;对于全部分层且夹矸厚度大于夹矸最小剔除厚度的煤层,应进行分采分剥、分层选采。

分层选采方法:煤层按照自上而下的次序,依次分层选采。分层采选可以采用两种方法。一种是逐层选采,即第一层煤选采完毕后进行第二层煤选采,这种选采方式可以快速对单层煤进行开采,单层煤开采速度快,但每次对下一层煤选采时需要重新对煤层断面进行清理,会损耗煤量,降低工作效率。另一种是逐层尾随选采,如图4-6所示,各煤分层 A、B、C、D 渐次按照一定宽度 b 形成超前关系的组合煤分层台阶,这种煤分层台阶各自保持的一定宽度 b 可以是暂不作业安全宽度也可以是最小工作平盘宽度。如果保持最小工作平盘宽度,各煤分层可以同时或者组合选采;如果保持暂不作业安全宽度,则逐层依次选采。暂不作业安全宽度应大于清扫设备作业宽度,该安全宽度可以避免在逐层选采时重复对煤层断面进行清理,从而减小煤量损耗。复合煤层分层台阶的布置原理类似于陡帮开采台阶,这里不再赘述。

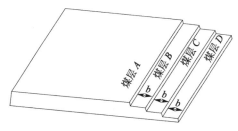

图 4-6　逐层尾随选采

第四节　运输系统设计与优化

一、运输系统设计

(一)道路宽度

道路宽度计算公式如下:

$$B = nA + (n-1)X + 2Y$$

式中　　B——道路宽度;

　　　　n——行车线路,双车道取 2,单车道取 1;

　　A——汽车车体宽度；

　　X——汽车车体之间的距离；

　　Y——汽车外缘至路边缘的宽度。

　　对于双车道运输道路，为方便计算，运输道路宽度可取汽车车体宽度的 3 倍。

（二）行车密度

　　采用汽车运输工艺的露天矿，其运输通过能力是保证采排有序进行的先决条件。如果一个矿的某部位行车密度大于该部位道路通过能力，则露天矿不能正常生产，将受限于运输环节，就必须进行道路或车流密度分配的改造。

　　行车密度因运输道路的数量、出入口、分配流量的不同而不同，其计算公式如下：

$$N_{密}=QK_3/(24HGK_1K_2)$$

式中　$N_{密}$——行车密度，组 /h；

　　　Q——通过的年总运量，t；

　　　H——年工作日，d，一般取 330 d；

　　　G——汽车载重量，t；

　　　K_1——时间利用系数，0.8；

　　　K_2——汽车载重利用系数，0.95；

　　　K_3——运输量不均衡系数，1.15。

（三）咽喉通过能力

　　咽喉设计通过能力按下式计算：

$$N_{咽}=1\,000VK_1K_2/S_t$$

式中　$N_{咽}$——咽喉通过能力，组 /h；

　　　V——汽车运行速度，km/h；

　　　K_1——运行车辆不均衡系数，一般取 0.60；

　　　K_2——考虑会车、交叉口及制动等因素的安全系数；

　　　S_t——同一方向上汽车之间的安全距离，即停车视距。

　　如果 $N_{咽}>N_{密}$，则露天煤矿参与计算区域运输不存在咽喉瓶颈，该区域运输系统能够满足正常生产需求。

（四）运距计算

　　运距由采区道路、排土场道路、联络道路构成，运距计算常采用重心法或加权法。

1. 加权法运距计算

　　对于分散的采排位置，应根据采排位置和形状，对各区域单独编号并计算相应工程量及运输距离，利用各个区域的运距及对应剥离量求出加权平均运距。

2. 重心法运距计算

　　重心法采用三维扫描法，从 X、Y、Z 三个方向对剥离物料逐层扫描，当各自扫描物料累计达到剥离物料总体积的一半时,三个扫描位置交点即为物料重心。

当露天煤矿实行内排时,根据生产条件可采取单翼或双翼内排,内排平均运距为

$$D = D_c + \frac{L_c + L_c'}{K} + D_a$$

式中　D——剥离物内排平均运距;

　　　L_c——采掘重心所在台阶采掘工作线长度;

　　　L_c'——排土重心所在台阶排土工作线长度;

　　　K——系数,当单翼内排时 $K=2$,当双翼内排时 $K=4$。

　　　D_c——横向运距;

　　　D_a——附加运距。

(五)运输做功

露天煤矿土石方剥离外包的,经常会遇到提升补偿和运距补偿,也就是对运距和爬坡进行一定的经济补偿。有的煤矿会针对提升和运距所消耗燃油进行比对分析,在土石方承包合同中对运距和提升高度进行约定,如:基础运距为 1.5 km,1.5 km 外运距每增加 100 m(取整),单价增加 0.1 元 / 立方米,不足 100 m 不做调整;基础提升高度为 10 m,提升高度每增加 100 m(取整),单价增加 0.1 元 / 立方米,不足 10 m 不做调整。下面通过运输做功来对水平运距和爬坡运输进行分析。

卡车在水平距离 s 上运输的做功为 $W_1 = f s\cos\theta$,其中 f 表示力的大小, s 表示位移的大小, θ 为力 f 的方向与位移 s 的方向的夹角。

卡车在斜坡距离 L(水平距离 s)上运输的做功为 $W_2 = f s\cos\theta + Gh$,其中 f 表示沿斜坡方向力的大小, s 表示水平方向位移的大小, θ 为力 f 的方向与位移 s 的方向的夹角, G 为物体重力, h 为提升高度。

由上可知,在相同水平投影的运距内,爬坡运输做功大于水平运输做功,当运输水平投影不受约束时,若使得水平运输做功等于爬坡运输做功,即 $W_1 = W_2$,则水平运输距离 $S_X = (f s\cos\theta + Gh)/f\cos\theta$,即 $S_X = s + G\tan\theta/f\cos\theta$。

露天煤矿一般斜坡道坡度为 8%, h 为台阶高度取 10 m, s 为斜坡道水平投影 125 m, θ 约为 5°,假设卡车质量为 70 t,摩擦系数 μ 取 0.4, g 取 9.8 N/kg,则水平面上摩擦力做功 $f S_X = \mu mg S_X$,则 $f = 274\,400$ N, $S_X = 150$ m,即一定条件下,水平运输 150 m 的做功相当于在坡度为 8% 的斜坡道上提升 10 m 高度的做功,见图 4-7。

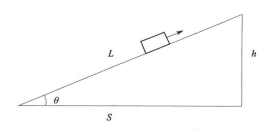

图 4-7　运输做功示意图

（六）最短路径

最短路径是从一个位置到另外一个位置所经过边的权重和最小的一条路径。狄克斯特拉（Dijkstra）算法由荷兰计算机科学家 Dijkstra 于 1959 年提出，是一种经典最短路径算法，主要思想是从源点求出长度最短的一条路径，然后通过对路径长度进行迭代得到从源点到其他各目标点的最短路径。

Dijkstra 算法原理：从节点 j 到源点 s 的长度为最短路径 W，从 s 到 j 的最短路径中 j 点的前一点为 P，S 是标识集合；把 T 点定为未标识集合；M 是节点集合，d_{ij} 是节点 i 到节点 j 的距离（i 与 j 直接相连，否则 $d_{ij}=\infty$），算法步骤如下。

Step 0：$S=\{s\}$；$T=M-S$；$W=d_{ij}(j\in T,s$ 与 j 直接相连）或 $W=\infty(j\in T,s$ 与 j 不直接相连）。

Step 1：在 T 中找到节点 i，使得 s 到 i 的距离最小，并将 i 划归到 S 中；若 $d_{ij}=\min\limits_{j\in T}d_{sj}$，$j$ 与 s 直接相连，则将 i 划归到 S 中，即 $S=\{s,i\}$，$T=T-\{i\}$，$P=s$。

Step 2：修改 T 中 j 节点的 W 值，使 $W=\min\limits_{\substack{j\in T\\i\in S}}(W,W+d_{ij})$；若 W 值改变，则 $P=i$。

Step 3：选定所有的 W 最小值，并将其划归到 S 中，即 $W=\min\limits_{j\in T}d\ W$，$S=S\cup\{i\}$，$T=T-\{i\}$；若 $|S|=n$，所有节点已标识，则算法终止，否则，转入 Step 2。

以上用标记法实现 Dijkstra 算法的主要步骤是从未标记的节点中选择一个权值最小的连接作为下一个转接点。

二、中间桥运输系统设计

中间桥技术是指在采场与排土场之间建立运距最短的直通式排土桥，以节省运输距离的技术，根据采剥台阶数量、排土场数量、采剥台阶和排土场标高、煤层赋存情况建立直通式运输桥体，一般分中间单桥、中间迈步式双桥，复合桥，见图 4-8。

中间桥建设方法：假设在采场、排土场之间搭建中间桥，中间桥宽度为 30 m，采剥台阶坡面角为 65°，排土台阶坡面角 35°，采场台阶高度为 10 m，排土场台阶段高 20 m，中间桥段高 20 m，在采场推进过程中，如最底下两个台阶推进过程预留 30 m 宽度中间桥（原岩部分），桥体两侧按照台阶坡面角 65° 进行留设；待采场推进一定距离后，采场的剥离物开始通过中间桥向排土场方向进行排弃，逐步形成中间桥（排土部分），直接与推进中的排土场水平台阶相连接，此时剥离物开始正式向排土场排弃，形成如上图所示中间桥，此时中间桥分两段，一段为原岩部分，一段为排土部分，其两侧坡面角按照采剥台阶坡面角和排土台阶坡面角留设；当排土场继续推进一定距离后，排弃至中间桥（原岩部分）处时，开始破桥，剥离中间桥原岩部分及压覆煤炭，在采场推进过程中重新开始留桥、搭桥，循环往复进行搭桥和破桥作业。当建设单一中间桥时，采场的剥离物需要经采场和排土场中间回采后的煤底板运输至排土场，为了使破桥过程不影响剥离物的运价，可在中间桥一侧重新搭桥，这样一侧的中间桥破桥，另一侧的中间桥可以正常通行，两条桥按照迈步式方法依次循环搭桥和破桥,见图 4-9。

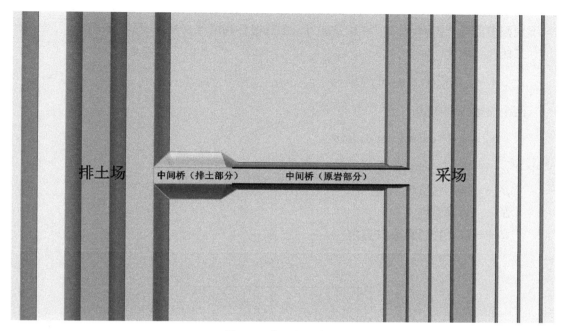

图 4-8　中间桥示意图

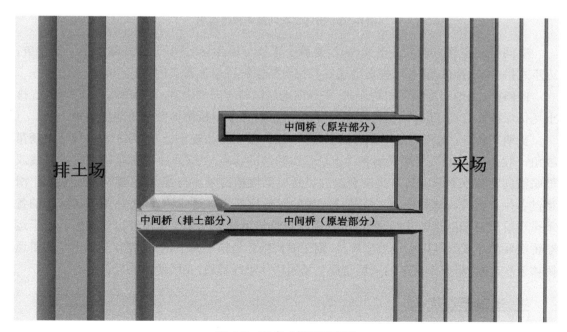

图 4-9　迈步式搭桥示意图

复合桥指的是在靠近采场或排土场一侧在原桥体上部修建规模略小的倾斜小桥,为的是将不同标高的剥离物通过倾斜小桥运输至不同标高的排土场,以进一步减少运距,这种复合桥较为复杂,适合推进速度慢的大型露天煤矿。

因破桥过程要清理桥体交界部位排弃物料,不可避免地产生二次剥离,二次剥离体积为一不规则多面体,为简化计算,将其分割为一个三棱柱和两个三棱锥,见图4-10。

三棱柱体积为

$$V_1 = \frac{1}{2}H^2(\cot\alpha + \cot\beta)B$$

两个三棱锥体积为

$$V_2 = \frac{1}{3}H^3(\cot\alpha + \cot\beta)\cot\theta$$

式中　α——采剥台阶坡面角;

β——排土台阶坡面角;

B——桥面宽度;

θ——排弃物料自然安息角。

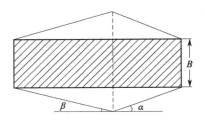

图4-10　桥体二次剥离体积俯视图

中间桥的搭建方式灵活多变,宗旨是减小采场与排土场之间的运距,除了中间搭单桥、迈步式搭桥、复合桥,还可以根据地层倾角特点搭倾斜桥和贯通式桥体。

倾斜桥:当地层为缓倾斜构造时,采场向地层倾斜方向推进时,采场降深将逐次降低,排土场仍保持原标高,此时采场与排土场可建立倾斜桥,倾斜桥桥体倾角为地层倾角。

贯通式桥体:对于近水平赋存露天煤矿,工作帮坡角比较小,一般为8°~15°,排土场帮坡角一般为20~22°,利用采场和排土场平盘较缓的特点,从采场中上部垂直台阶坡顶线或坡底线向下依次平滑穿过各采剥台阶并以适度高度横跨采场与排土场,然后向上依次平滑穿过各排土台阶。这种横跨采场与排土场的运输桥即为贯通式桥体,桥体两侧与穿越的各采排台阶建立辅助运输支线,使得每个采排台阶的运输流基本上都能经过运输桥。由于运输桥需要满足露天煤矿运输坡度规范,则运输桥整体呈拱形构造,各采剥和排土台阶与贯通桥体依次连接,将整个矿区的采场与排土场用桥体进行贯通,实现运输路径最短。

三、运输系统优化

露天煤矿生产系统复杂,采排台阶较多,运输线路复杂多变,研究多种变量情况下露天煤矿物流运输及最佳调配方案或采剥方案,应根据矿山生产方案,建立目标函数,列出约束条件,当目标函数与约束条件构成线性关系时,就构成线性规划,可以利用单纯形法求解。

目标函数是在矿山服务年限内为使某一生产技术目的总盈利最大或总成本最小而构成

的目标函数,以保证全局最优。

对于只有两个决策变量的线性规划问题,可以在平面直角坐标系上作图表示线性规划问题的有关概念,并求解。目标函数的一般形式为

$$\min z = \sum_{i=1}^{m} \sum_{j=1}^{n} X_{ij} C_{ij}$$

$$\sum_{i=1}^{m} X_{ij} = b_j, j = 1, 2, \cdots, n$$

$$\sum_{j=1}^{n} X_{ij} = a_i, i = 1, 2, \cdots, n$$

$$X_{ij} \geq 0$$

式中 $\min z$——最小运输成本;

X_{ij}——不同采剥点至不同排土点的运输量;

C_{ij}——不同采剥点至不同排土点的单位立方米运价。

为研究多种变量情况下露天煤矿物流运输及最佳调配方案,引入目标函数来对多变量、求最小费用的物料运输问题进行数学建模求解,并利用构建最小剥离运输功的目标函数进行运输规划,使得露天煤矿有效降低成本,提升生产效率。

露天煤矿开采过程是通过科学合理的方法将采剥台阶的物料运输至排土场各水平位置从而开采煤炭的过程。对于采用间断式开采工艺的露天煤矿,剥离与运输依靠数量众多的采装设备与卡车完成。全国露天煤矿中小煤矿数量占 85%,且以采用单斗 - 卡车间断式工艺为主,而运输费用将占到露天开采成本的 40%~50%,运输线路的规划及物料调配方案将直接导致运输成本的变化。

露天煤矿采场与排土场为多级台阶设置,即露天煤矿的运输是物料从不同采剥区域运输至不同排土区域的过程,且采剥与排土区域多为不同位置、不同标高分布。运输线路一般由端帮运输线路与采场及排土场中部运输线路构成,运输线路随着采场与排土场推进而不断变化。针对不同剥离台阶的物料运输至不同标高,设置不同排土场的运输问题,为找到最优运输路径和最优物料调配方案,引入线性规划目标函数来对多变量、求最小费用的物料运输问题进行数学建模求解。

(一)目标函数在露天煤矿运输模式中的应用

目标函数在露天煤矿中应用的前提是目标函数的建立应与矿山生产经营模式相适应,即应与露天煤矿运输费用构成或工程结算模式相适应。目前露天煤矿煤、岩剥离运输工程费用计算模式众多,有外委模式也有自营模式,有分项计价模式也有单价总价承包模式,在鄂尔多斯地区露天煤矿剥离工程主要以单价总价承包模式居多,按照单位立方米土石方测算单价,单价内包含钻爆、采装、运输、排土、辅助工程等一切费用,超出一定运距进行运距补偿,超出一定提升高度进行提升补偿。不单独对运输费用进行计价。如内蒙古鄂尔多斯地区多数露天煤矿采用基础单价土石方总承包模式,如基础运距内采、运、排费用为 9 元 /m³,基础运距为 1 km,基础提升高度为 0 m,运距每增加 100 m,单价补偿 0.1 元 /m³,提升高度

每增加 10 m，单价补偿 0.1 元 /m³。

这种经营模式综合考虑了运输距离合理区间同时也考虑了运输的提升高度。将运输费用合理区间设置在 1 km 以内，0 m 提升高度以内。这里的提升高度指的是物料的排弃标高与剥离标高之差。

如鄂尔多斯某露天煤矿为近水平埋藏矿区，剥离台阶标高为 1240~1360 水平，排土场标高为 1250~1350 水平，物料将从 13 个剥离水平通过不同的运输路径运输至 6 个不同水平的排弃区域，为了得到运输线路及物流调配的最佳方案，提出采用线性规划对运输线路及物流调配进行研究。

（二）目标函数构建

利用线性规划目标函数对运输线路及调配方案求解，首先要建立目标函数数学模型，一般有以下三个步骤：

（1）根据影响所要达到目标的因素找到决策变量；

（2）由决策变量和所要达到目标之间的函数关系确定目标函数；

（3）由决策变量所受的限制条件确定决策变量所要满足的约束条件。

露天煤矿的多个采剥点设为 $A_1, A_2, A_3, A_4, \cdots, A_m$，多个排土点设为 $B_1, B_2, B_3, B_4, \cdots, B_n$。设 C_{ij} 为不同采剥点至不同排土点的单位立方米运价，采剥总量和排土场总容量分别为 a_i 和 b_j，其中 $i=1, 2, \cdots, m$；$j=1, 2, \cdots, n$。对不同采剥点至不同排土点折算的运费数据如表 4-5 所示。

表 4-5　运费数据

采剥点和容量	折算运费					采剥量
	排土点 B_1	排土点 B_2	排土点 B_3	$\cdots$	排土点 B_n	
采剥点 A_1	C_{11}	C_{12}	C_{13}	$\cdots$	C_{1n}	a_1
采剥点 A_2	C_{21}	C_{22}	C_{23}	$\cdots$	C_{2n}	a_2
采剥点 A_3	C_{31}	C_{32}	C_{33}	$\cdots$	C_{3n}	a_3
$\vdots$	$\vdots$	$\vdots$	$\vdots$	$\vdots$	$\vdots$	$\vdots$
采剥点 A_m	C_{m1}	C_{m2}	C_{m3}	$\cdots$	C_{mn}	a_m
容量	b_1	b_2	b_3		b_n	

设 X_{ij} 为不同采剥点至不同排弃点的运输量，且 $\sum\limits_{i=1}^{m} a_i = \sum\limits_{j=1}^{n} b_j$，运输量变量表如表 4-6 所示。

表 4-6　运输量变量表

采剥点和容量	运输量					采剥量
	排土点 B_1	排土点 B_2	排土点 B_3	$\cdots$	排土点 B_n	
采剥点 A_1	X_{11}	X_{12}	X_{13}	$\cdots$	X_{1n}	a_1

续表

采剥点和容量	运输量					
	排土点 B_1	排土点 B_2	排土点 B_3	$\cdots$	排土点 B_n	采剥量
采剥点 A_2	X_{21}	$X_{22}\,C_{22}$	X_{23}	$\cdots$	X_{2n}	a_2
采剥点 A_3	X_{31}	$X_{32}\,C_{32}$	X_{33}	$\cdots$	X_{3n}	a_3
$\vdots$	$\vdots$	$\vdots$	$\vdots$	$\cdots$	$\vdots$	$\vdots$
采剥点 A_m	X_{m1}	$X_{m2}\,C_{m2}$	X_{m3}	$\cdots$	X_{mn}	a_m
容量	b_1	b_2	b_3	$\cdots$	b_n	

设 $\min z$ 为最小运输成本,由此构建如下数学模型:

$$\min z = \sum_{i=1}^{m}\sum_{j=1}^{n} X_{ij}C_{ij}$$

$$\sum_{i=1}^{m} X_{ij} = b_j, j=1,2,\cdots,n$$

$$\sum_{j=1}^{n} X_{ij} = a_i, i=1,2,\cdots,n$$

$$X_{ij} \geq 0$$

式中　$\min z$——最小运输成本;

$\quad X_{ij}$——不同采剥点至不同排土点的运输量;

$\quad C_{ij}$——不同采剥点至不同排土点的单位立方米运价。

以上运输问题共有 $m \times n$ 个变量,并有 m 个容量约束,即运输量要符合排土场容量;有 n 个产量约束,即容量需求要与采剥量相符。

根据运输问题系数矩阵的特殊性,采用表上作业法进行求解,首先利用最小元素法或西北角法等计算初始调配方案,然后应用闭合路法或位势法求检验数,判别是否达到最优解,最后调整运量。

由于露天煤矿采剥与排土有着空间顺序的关系,即采剥为自上而下依次进行开采,各台阶保持一定的超前关系,排弃为自下而上依次排弃,各台阶保持一定的超前关系,那么露天煤矿运输模型的前置条件是参与计算的运输物料是在采场与排土场按照一定的帮坡角推进的过程中产生的,且采场与排土场各台阶保持一定的超前关系。

(三)目标函数建模

假设露天煤矿工作帮按照一定的帮坡角推进,计划剥离总量为 800 万 m^3(已考虑松散系数),排土场受土能力为 830 万 m^3,按照上述目标函数所设变量,则 $\sum_{i=1}^{m} a_i \leq \sum_{j=1}^{n} b_j$,$X_{ij} \geq 0$,需要对采剥点虚设变量以使得采剥量与排土量相等,对于内排跟踪开采的露天煤矿,由于受采场工作帮坡角和排土场工作帮坡角的影响,采场到排土场上部台阶的距离比到下部台阶的距离大,为进一步减小上部运距,排土场上部台阶受土能力需满足需求,因此虚设采剥点 A_{m+1},采剥点 A_{m+1} 至排土场 1310 水平、1290 水平、1270 水平、1250 水平的运费为 M,M 为任意大的正数,这样设置会使得排土场 1250~1310 水平的容量全部满足,以缩短上部水平的运距。排土场 1330~1350 水平的受土容量可不必全部满足,这样的参数设置符合煤矿的运输实际。

　　运距和提升高度可根据采场至排土场的设计道路及可能的运输道路在采矿三维设计图形进行设计与量取,如对端帮等主干运输线路在三维图纸中进行量取并标号,并对可能的分支线路进行量取,将所有的线路按标号进行提取,利用三维矿业软件(如 Surpac 或 3Dmine)提取的线路会自动得出线路长度与标高差,整理得出线路运距及提升高度表。

　　由于采场至排土场的运输线路有些相对固定,有些随采场推进而变化,对于不可能运行的路线可以将其运费设置得比较大,计算最小费用时将不会影响优化结果。煤矿各剥离平盘计划剥离量及排土场各平盘受土能力及运价如表 4-7 所示。

表 4-7　采排量及运距

运价(元)	+1 350	+1 330	+1 310	+1 290	+1 270	+1 250	采剥量(m³)
+1 360	11.80	13.00	13.00	13.00	13.00	13.00	38 000
+1 350	11.80	13.00	13.00	13.00	13.00	13.01	114 000
+1 340	11.90	13.00	13.00	13.00	13.01	13.01	223 000
+1 330	13.00	11.37	13.00	13.01	13.01	13.01	351 000
+1 320	13.10	11.18	13.01	13.01	13.01	13.01	544 000
+1 310	13.00	13.00	10.66	13.01	13.01	13.01	710 000
+1 300	13.10	13.00	10.38	13.01	13.01	13.01	832 000
+1 290	13.00	13.01	13.01	10.28	13.01	13.01	934 000
+1 280	13.11	13.01	13.01	9.63	13.01	13.01	983 000
+1 270	13.01	13.01	13.01	13.01	9.40	13.01	715 000
+1 260	13.11	13.01	13.01	13.01	9.47	13.01	954 000
+1 250	13.01	13.01	13.01	13.01	13.01	9.16	1 026 000
+1 240	13.11	13.01	13.01	13.01	13.01	9.10	576 000
A_{m+1}	0.00	0.00	M	M	M	M	300 000
容量(m³)	945 000	1 100 000	1 200 000	1 455 000	1 600 000	2 000 000	8 300 000

　　设 $\min z$ 为最小成本费用,构建如下数学模型:

$$\min z = \sum_{i=1}^{m}\sum_{j=1}^{n} X_{ij}C_{ij}$$

$$\sum_{i=1}^{m} X_{ij} = b_j, j = 1,2,\cdots,n$$

$$\sum_{j=1}^{n} X_{ij} \leq a_i, i = 1,2,\cdots,n$$

$$X_{ij} \geq 0$$

式中　$\min z$——最小运输成本；

　　　X_{ij}——不同采剥点至不同排土点的运输量；

　　　C_{ij}——不同采剥点至不同排土点的单位立方米运价。

应用线性规划软件得出运量及流向优化计算结果，如表4-8所示。

表4-8　运量及流向优化结果

运量（m³）	1 350	1 330	1 310	1 290	1 270	1 250	采剥量（m³）
1 360	3 800	0	0	0	0	0	3 800
1 350	11 400	0	0	0	0	0	11 400
1 340	223 000	0	0	0	0	0	22 300
1 330	0	35 100	0	0	0	0	35 100
1 320	0	54 400	0	0	0	0	54 400
1 310	13 700	20 500	36 800	0	0	0	71 000
1 300	0	0	83 200	0	0	0	83 200
1 290	13 300	0	0	47 200	0	32 900	93 400
1 280	0	0	0	98 300	0	0	98 300
1 270	0	0	0	0	71 500	0	71 500
1 260	0	0	0	0	88 500	6 900	95 400
1 250	0	0	0	0	0	102 600	102 600
1 240	0	0	0	0	0	57 600	57 600
A_{m+1}	30 000	0	0	0	0	0	30 000
容量（m³）	94 500	110 000	120 000	145 500	160 000	200 000	830 000

最后得出最优总成本费用为8 248 829元，即此调配方案为最优解。

（四）利用剥离运输功建立目标函数

以上利用线性规划目标函数求解最佳运输线路和调配方案，运价可以是考虑运距的单位土石方费用，也可以是单独计算的运距费用，当运输费用随石油价格变动或不明确时如何求得露天煤矿最佳运输路径和物料调配方案？这里通过运输功概念阐述线性规划如何在运输路径和物料调配中求解最佳方案。

露天煤矿土石方运输费用或成本费用与运输功消耗有直接关系，很多专家及学者在露天开采中应用了"剥离运输功"（即剥离量与运距的乘积）这个概念，剥离运输功很好地指导了露天开采煤矿的生产。

运输车辆在爬升过程中会加速燃料的消耗，为了使剥离运输功适应不同矿山的生产经营模式，对剥离运输功的计算公式进行变换，引入提升高度H，将提升高度每增加1 m的成本费用折算为相同成本下的运距，假设按照提升高度每增加1 m的成本费用将提升高度折算为运距的系数为r，那么可以将剥离运输功的计算公式进一步变换为

$$W = X(L + rH)$$

式中 W——运输功,m³·m;

　　　　X——运输量,m³;

　　　　L——实际运距,m;

　　　　H——实际提升高差,m;

　　　　r——提升高度每增加 1 m 的成本费用折算为运距的系数。

当单位土石方运距费用不考虑提升高度补偿时,则折算系数为 0,运输功公式还原为原公式。将提升高度按成本费用折算为运距,更能真实反映矿山在剥离运输过程中运输距离和提升高度的综合数据表现。

利用剥离运输功建立运输模型能更好地反映矿山实际情况,且具有较好的普遍适用性。对于单价总承包模式矿山,可采用单位土石方费用结合运距和提升补偿建立目标函数;对于自营矿山,可采用单位运输费用结合运距和提升补偿建立目标函数。对于同等地质环境矿山、同类型矿用卡车,折算系数 r 基本一致。由于运输费用的动态变化或成本构成的不确定性,可以对采排运输模型按照剥离运输功建立目标函数。

设 $\min W$ 为最小剥离运输功,根据本项目剥离运输功建立目标函数如下:

$$\min W = \sum_{i=1}^{m} \sum_{j=1}^{n} X_{ij} K_{ij}$$

$$\sum_{i=1}^{m} X_{ij} = b_j, j = 1, 2, \cdots, n$$

$$\sum_{j=1}^{n} X_{ij} = a_i, i = 1, 2, \cdots, n$$

$$X_{ij} \geqslant 0$$

$$K_{ij} = L_1 + L/\Delta L + rH/\Delta H$$

式中 X_{ij}——不同采剥点至不同排弃点的运输量;

　　　　K_{ij}——考虑运距和提升高度的运输功值。

利用剥离运输功建立目标函数可以求解露天煤矿最佳运输模型和运输功经济指标,这种利用线性规划求解运输规划的方法既可以适应多种经营模式的矿山,也可以适应成本费用动态变化的矿山,尤其对经营模式模糊的矿山,利用剥离运输功建立目标函数更能做出科学的决策。

(五)总结

对于中型露天煤矿,运输线路变化频率大,运输道路经常改迁,线路的规划往往是临时性的,但需要注意以下几点:①避免出现交叉运输线路;②折返运输线路在内排紧张时期具有一定效果;③避免出现频繁起伏高差变化大的线路;④尽可能使用和保留端帮运输道路;⑤道路维护质量往往与运输费用反相关。

第五节　钻孔爆破设计

一、钻孔布置

露天煤矿爆破通常采用深孔松动爆破,爆破区域的宽度一般为一个采掘带或一个采区。对于每一个爆破区域,按照设计进行钻孔布置(见图 4-11);完成钻孔作业后,爆破工序开始运行。爆破工程设计人员依据钻孔工序生成的实测布孔图进行爆破设计与计算,经矿总工程师批准后开展爆破作业。

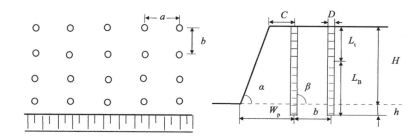

a—孔距;b—排距;α—台阶坡面角;β—炮孔倾角;h—炮孔超深;C—沿边距;D—孔径;H—台阶高度;
W_p—底盘抵抗线;L_t—填塞长度;L_B—装药长度

图 4-11　炮孔布置示意图

底盘抵抗线即炮孔中心至台阶坡底线的最小距离(见图 4-11 中的 W_p)。

底盘抵抗线设置过小,则造成被爆破的岩体过于粉碎,同时产生的爆堆前冲也很大;设置过大时,爆破后容易形成根底与大块。

二、爆破工程设计

爆破工程设计以露天煤矿常见的致密岩层爆破和微差爆破的工程实例形式进行阐述。

(一)露天煤矿致密岩层爆破参数设计

1.某露天煤矿爆破设计中存在问题

(1)单位体积炸药消耗量(简称炸药单耗)不足,对于 4×4 布置的炮孔,炸药单耗为 0.15 kg/m³,对于 6×6 布置的炮孔,炸药单耗不到 0.1 kg/m³,均未达到合理值。

(2)孔网参数针对大块设计不合理,采用 4×4 和 6×6 布置的炮孔,炮孔的间距和排距相差为 0,相邻炮孔在爆破过程中互相抑制,应力叠加过多集中于炮孔中心,使炸药能量不能充分发挥,利用率较低,岩石裂隙得不到充分发育,炸药爆炸后产生的能量除了用于爆破岩体和抛掷岩石外,有相当一部分能量转变成空气冲击波和声响,爆后大块量增多,二次解炮量大。

(3)岩石特别坚硬区域爆破后,由于没有针对性的爆破参数设计,导致后排孔岩石夹制作用比较大,往往形成大块,甚至"硬墙"。

2. 针对以上问题进行爆破设计

1)炸药单耗 q

影响炸药单耗的因素有炸药种类、矿区岩石物理力学性质、岩层分布、岩石的可爆性、自由面条件、起爆方式等。由矿区的地质资料可知,岩石单轴抗压强度为 4~43 MPa,即需爆破岩石的普氏系数 f = 2~4,对应铵油炸药单耗 q = 0.2 kg/m³;矿区部分地段存在致密砂岩,则需爆破坚硬岩石的普氏系数 f = 4~6,将 2 号岩石铵梯炸药作为标准炸药利用炸药换算系数知,对于 f = 4~6 的岩层铵油炸药单耗为 0.3 kg/m³ 左右。虽然对难爆岩层选取的普氏系数较大,但该煤矿难爆岩层并不是整层都是致密砂岩,而是局部地段某一层有钙质胶结的致密砂岩,故对该露天煤矿 q 取 0.25 kg/m³,目前该煤矿炸药单耗不足 0.15 kg/m³,所以对普通岩层可以增加到 0.2 kg/m³,对致密岩层可以增加到 0.25 kg/m³,由此得到新的炸药单耗表(见表 4-9)。

表 4-9   煤矿重新确定的炸药单耗

岩石普氏系数 f	2~4	4~6
铵油炸药单耗(kg/m³)	0.2	0.25

2)爆破参数计算

(1)台阶高度 H。

岩石台阶的高度为 10 m,煤矿采用分层采装方式,分两次爆破,第一次爆破段高 6 m,第二次爆破段高 4 m,表土台阶不需要爆破。

(2)孔径 D。

设备的钻孔直径为 100 mm。

(3)超深 h 与孔深 L。

设计超深的目的是克服台阶底盘抵抗线的夹制作用,超深 h 可按经验公式(1-1)确定:

$$h = (0.05~0.25)H \tag{1-1}$$

式中 h——超深;

H——台阶高度。

当爆破台阶松软时,h 取较小值;当爆破台阶坚硬时,h 取较大值。该露天矿煤岩软至中硬,对 6 m 孔取超深 h = 0.1H = 0.6 m,但是当岩层倾向台阶面外时,不易留根底,超钻值可小些或不超;当岩层为水平时或台阶底有软层界面时,可以不超钻。对 4 m 孔,为提高煤的质量,减少岩石的混入,设计确定不超钻,出现根底时用推土机清理。

由此可知,孔深为 6.6 m 和 4 m。

(4)填塞长度 L。

选择合理的填塞长度可以减小爆破能量的损耗,填塞长度过大会降低钻孔延米爆破量,增加钻孔费用,造成台阶上部岩石破碎效果不佳;填塞长度过小,则炸药能量损耗过大,产生空气冲击波、噪声和飞石，同时影响下部岩层的爆破效果。

常用的经验公式为

$$L_t = (16\sim30)D$$

式中　L——填零长度；

　　　D——孔径。

综合得 4 m 孔 $L_t = 1.6$ m，6 m 孔 $L_t = 2$ m。

（5）底盘抵抗线 W_d。

底盘抵抗线取值过大会造成爆破效果差，表现为拉底严重，大块率高，后冲作用大；底盘抵抗线过小会产生爆破飞石，增加炸药损耗和钻孔工作量。底盘抵抗线与钻孔直径、炸药做功能能力、岩石可爆性、台阶高度和台阶坡面角等因素有关。底盘抵抗线可用经验公式（1-2）来计算：

$$W_d = (0.5\sim0.9)H \tag{1-2}$$

也可按照钻机安全作业条件计算底盘抵抗线，则

$$W_d \geqslant H\cot\alpha + e$$

式中　H——台阶高度，m；

　　　α——台阶坡面角，（°），取 70°；

　　　e——钻孔中心至台阶坡顶线的安全距离，取 2 m。

由于

$$W_d \geqslant 4\cot70° + 2 = 3.44(\text{m})$$
$$W_d \geqslant 6\cot70° + 2 = 4.18(\text{m}) \tag{1-3}$$

所以，对 4 m 孔 $W_d \geqslant 3.44$ m，对 6 m 孔 $W_d \geqslant 4.18$ m。

由此可知 4 m 和 6 m 钻孔的底盘抵抗线分别取 3.5 m 和 4.2 m。

（6）孔距与排距。

在保持炸药单耗不变的情况下，为使每孔负担的爆破面积基本不变，需要调整孔距、排距，原则上应使炮孔密集系数大于 1，采用宽孔距小抵抗线技术。

孔距 a 按经验公式（1-4）计算：

$$a = mW_d \tag{1-4}$$

式中 m 为炮孔密集系数，由经验可知，m 通常为 0.9~1.5。此处 m 值取 1，由此可知，对 4 m 孔第一排孔 a 取 3.5 m，对 6 m 孔第一排孔 a 取 4.2 m。由于后排孔存在夹制作用，m 取值 1.1，则对 4 m 孔 a 为 4 m，对 6 m 孔 a 为 4.5 m。

排距直接影响爆破效果，由于后排孔存在夹制作用，排距应适当减小，按经验公式（1-5）计算：

$$b = (0.6\sim1.0)W_d \tag{1-5}$$

对 4 m 孔排距取 3~3.5 m，由于外包单位可能依旧采用齐发爆破，考虑到齐发爆破后排孔的夹制作用，对 4 m 孔排距取 3 m，对 6 m 孔排距取 3.5 m。

以上对孔距和排距的调整，均是基于每孔负担的爆破面积基本不变做出的，参数的最优

值需在实践中不断进行验证,原则上按增大孔距,减小排距的方法进行试验,直至找出最合理值。

（7）单孔装药量 Q。

对于单排炮孔或多排炮孔的第一排炮孔,单孔装药量按式（1-6）计算:

$$Q = qaW_dH \tag{1-6}$$

对 4 m 孔计算得 $Q = 12$ kg。

对于多排炮孔的露天煤矿,从第二排起,各排炮孔的单孔装药量按式（1-7）计算。

$$Q' = qabH \tag{1-7}$$

对 4 m 孔计算得 $Q' = 12$ kg。

同样得出 6 m 孔的第一排孔和后排孔装药量分别为 22.05 kg 和 23 kg。

得出的炸药量还需要用每孔可能装入的最大炸药量来验算,即

$$Q \leqslant q_1(L-l)$$

式中 q_1——孔内每米装药量（取 5 kg/m）,kg/m;

   L——炮孔深度,m;

   l——填塞长度,m。

由此可知,4 m 孔最大装药量为 12 kg,6 m 孔最大装药量为 23 kg。

如果 Q 值小于或等于容许装入的炸药量,则认为 Q 值选取是合理的。若 Q 值大于容许装入的炸药量,则炸药不能全部装入深孔。这种情况下,需对参数做适当调整。

显然,对于 4 m 孔和 6 m 孔,单孔装药量均符合要求。

（8）对爆破机理进行理论验证。

因为抵抗线极限 w_n 理论上不会超出松动爆破作用圈半径 R_p,所以 w_n 按 $w_n \leqslant R_p$ 计算。

$$R_p = K\sqrt[3]{Q}$$

式中 R_p——爆破作用圈松动半径,m;

   K——与地质条件相关的常数;

   Q——炮孔底部药包质量,kg。

通过矿岩普氏系数 f 与 K 的对应关系可得出本矿的 K 值,见图 4-12。

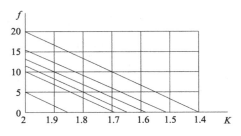

图 4-12   平行分割法列出的 K-f 轴

由图 4-12 可知,本矿采用 K=1.85。

由于炸药单耗为 0.25 kg/m³,对 4 m 段高炮孔为 12 kg 药量,由上述 R_p 公式得出抵抗线

极限约为 4.24 m，排距一般为 0.5~0.8 倍抵抗线极限，所以排距为 2.12~3.39 m；对于 6 m 段高炮孔为 23 kg 炸药量，同样得出抵抗线极限约为 5.25 m，排距为 2.63~4.20 m，符合参数要求，见表 4-10。

表 4-10　针对致密岩层、难爆岩石的爆破参数表

类型	爆破参数				
	孔距（m）	排距（m）	装药量（kg）	填塞长度（m）	超深（m）
4 m 孔	4	3	12	1	0
6 m 孔	4.5	3.5	23	2	0.6

（二）多自由面孔内外延期分段微差减震爆破技术

1. 爆破地震波产生原因

露天煤矿岩石台阶爆破中，一部分能量对药包周围的介质产生扰动，并以波动形式向外传播。在爆炸近区（即药包半径的 10~15 倍距离内）的传播是冲击波。在中区（即药包半径的 15~400 倍距离内）的传播是应力波。应力波到达岩层界面产生反射和折射，叠加形成地震波。

地震波是指从震源产生向四周辐射的弹性波。地球内部存在着地震波速度突变的基干界面、莫霍面和古登堡面，将地球内部分为地壳、地幔和地核三个圈层。地震波分为表面波和实体波两种，表面波在地表传递，实体波在地球内部传递。表面波又称 L 波，是由纵波与横波在地表相遇后激发产生的混合波。其波长大、振幅强，只能沿地表面传播，是造成建筑物强烈破坏的主要因素。表面波有低频率、高振幅和频散的特性，只在近地表传递，是最有威力的地震波。实体波又分成 P 波和 S 波两种。P 波为一种纵波，粒子振动方向和波的前进方向平行，在所有地震波中，P 波前进速度最快，也最早抵达。P 波能在固体、液体或气体中传递。S 波是一种横波，粒子振动方向垂直于波的前进方向，前进速度仅次于 P 波。S 波只能在固体中传递，无法穿过液态外地核。

2. 爆破地震波破坏机理

露天煤矿岩石台阶爆破中，由于岩体不是理想的弹性体，即传播介质并非理想的弹性介质而是黏弹性介质，波速不但和介质的成分、弹性、密度有关，还和介质的孔隙度以及孔隙中所含流体的种类、相态有关。大部分的爆炸能量消耗在粉碎区和破碎区，剩下的小部分能量相对于爆破点源以球面波的形式、相对于爆破线源以柱面波的形式传播出去。随着传播半径的增大，单位面积波面上的能量将会减少；在土岩介质中会发生内摩擦现象使能量被吸收，且土岩介质体会积蓄一部分弹性能。这些现象会消耗爆炸能量，因此可以说爆破地震波的传播是一个能量持续衰减的过程。

基于以上分析，对于爆破地震应采用两方面措施进行控制：一方面控制爆破前冲方向，设置减震孔；另一方面采用孔内外延期微差爆破及"单段独立作用原理"降低单段最大爆破药量。

3. 多自由面分段微差减震技术

1)创造多自由面,改变爆破前冲方向

药包爆炸后,爆炸压力瞬间达到最大值,此时可以认为这个瞬间时间为 0 ms,爆炸压力升高到最大值后就按指数规律进行衰减。爆炸载荷的表达式为

$$\begin{cases} p = 0 & (t < 0) \\ p = p_1 e^{-at} & (t \geq 0) \end{cases}$$

式中 a——时间衰减系数;

　　　　p_1——最大爆炸压力。

爆破作业前,爆破台阶前方区域不参与爆破,可认为爆破台阶前方在爆破瞬间之前爆炸压力为 0,瞬时爆炸时第一排孔爆炸压力达到最大值,之后各排孔爆炸压力逐渐升高,爆破前冲方向的爆炸压力按指数规律进行衰减,地震波衰减较快,并且强度降低,因此在靠近村落时,调整爆破方向,使爆破传导方向指向村落的反方向,即爆破前冲方向指向村落反方向,使得各排孔在爆破前冲方向的爆炸压力按指数规律进行衰减,以减弱地震波。

由于一分区工作线为东西向,传统排间起爆的爆破前冲的反方向为村落所在位置,爆炸压力衰减方向与村落相反,所以调整爆破前冲方向为西北向,改变连线方式,由西向东进行爆破,爆破地震波传导方向为东南向。

为了调整爆破前冲方向,在工作线西部采取掏槽爆破方式获得新自由面,自由面方向垂直于爆破地震波传导方向,见图 4-13。

经过掏槽爆破后,创造出两个自由面,在第三段孔与下一段孔之间采用孔外延时 50 ms 雷管连接。由于掏槽爆破第三段孔采用 50 ms 延时,第三段与创造新自由面后的下一段孔之间也采用 50 ms 延时,这就使得两次的波段均以较低值叠加,此处爆破前冲方向的爆炸压力均以指数规律迅速衰减。后排孔以后相继以孔内延时分段方式爆破,错开反射拉伸应力叠加波的波峰值。由此使减弱的地震波向东部传导,最大限度地减小前冲方向的爆炸应力。

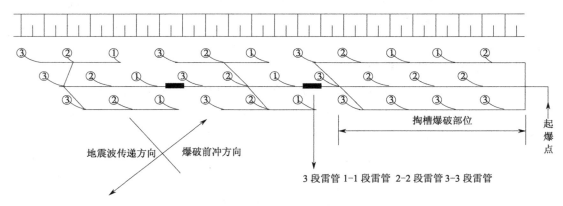

图 4-13　某煤矿多自由面孔内外延期分段微差爆破设计

2)孔内外延时分段毫秒微差爆破

国内外大量实践证明,爆破振动尤其是分段微差爆破振动的速度峰值,主要取决于最大段药量。将一次爆破药量分成多段微差爆破,这样可以有效减弱后一段起爆的深孔周围的

反射拉伸应力波与前一段起爆产生的反射拉伸应力波互相叠加，从而减弱爆破地震波。

为了使爆破产生的拉伸应力波通过自由面形成的反射拉伸应力波通过延时叠加而衰减，将掏槽爆破与后排孔通过孔外三段 50 ms 雷管的延时组成分段微差爆破。孔内每段按顺序采用 1~3 段导爆管毫秒雷管，形成孔内外延期的微差爆破。

掏槽爆破采用一、二、三段雷管的孔内延时，按照目前工作台阶炮孔布置，以三排孔为例，第一段采用两孔 0 ms 延期，第二段采用五孔 25 ms 延期，第三段采用六孔 50ms 延期。第一、二、三段爆破过程中，采用微差爆破使得反射拉伸应力波延时叠加，错开最大波峰值。第四段以后采用孔内延时，依次为 0 ms、25 ms、50 ms。

拉伸应力波通过两个自由面互相干扰使得爆破振动峰值不能叠加而错开，使爆破产生的最大峰值减小，从而减弱地震效应。

4. 限制一次最大段药量

基于"单段独立作用原理"，单段起爆的最大药量决定了整个爆破过程的波峰振动速度。因此在炸药能量合理分配的同时，应根据临界振动速度限制一次最大段药量。在爆破振动质点的安全振速 v 确定后，即可根据下式计算最大段爆破用量：

$$Q_{max} = R^3 (v/K)^{3/\alpha}$$

式中　Q_{max}——一次最大段药量，kg；

　　　R——爆心距，m；

　　　v——爆破振动质点的安全振速，cm/s；

　　　K、α——与爆破点至保护对象间的地形、地质条件有关的系数和衰减指数，见表 4-11。

表 4-11　爆区不同岩性的 K、α 值

岩性	K	α
坚硬岩石	50~150	1.3~1.5
中硬岩石	150~250	1.5~1.8
软岩石	250~350	1.8~2.0

煤矿煤层顶底板岩石力学性质以软弱至半坚硬岩石为主。各类岩石抗压强度小于 30 MPa 的占 75%，30~60 MPa 的占 25%。其可采煤层直接顶板岩石以细砂岩为主，抗压强度为 6.3~45.7 MPa，局部为砂质泥岩、粉砂岩及泥岩，抗压强度为 17.4~19.2 MPa，砂质泥岩软化系数为 0.29；底板岩石以砂质泥岩、泥岩、细砂岩为主，抗压强度为 16.1~17.2 MPa，砂质泥岩软化系数为 0.65。综合本区岩石力学性质，主要为软弱岩石，爆破区选取 K 值为 200，a 值为 1.7。

根据我国《爆破安全规程》（GB 6722—2021）规定露天矿深孔爆破对一般砖房允许振动速度为 2.5~3 cm/s，土窑洞、土坯房允许振动速度为 0.9~1.5 cm/s。按照土坯房最小允许振动速度为 0.9 cm/s，经计算 Q_{max}=1 946.7 kg，煤矿目前单孔一次最大装药量 77.8 kg，最大段

药量为 77.8×3=233.4 kg。所以单段装药量远小于允许最大段装药量,即目前井田爆破振动速度在距离爆心 300 m 范围处爆破振动速度小于毛坯房最小允许振动速度。目前装药量符合减震要求。

5. 设置减震孔

在爆破前冲方向预先钻一排或两排密集的减震孔,或采用预裂爆破形成一定宽度的预裂缝,或预开挖减震沟,当一部分爆破地震波传递到减震孔时,面波在经过孔口时停止传播,体波及其发射波在孔壁停止继续传递,干扰波群叠加,减弱面波的形成。煤矿在爆破前冲方向预先钻两排孔距为 2 m、排距为 4 m、孔深为 10 m 的减震孔,并采用梅花眼布孔减弱地震波的传递。

第六节　排土场设计

排土场按排弃位置分为内排土场和外排土场。对于近水平煤层赋存的露天矿,当采矿工程向前推进一定距离,具备一定的内排空间后,即可实现内排。良好的内排条件可有效地减小外排土场占地面积和对周围环境造成的影响。

一、外排土场位置选择

(1)外排土场应尽可能靠近采场布设,实现就近排弃,以便缩短外排运距,降低运输成本。

(2)剥离物及煤矸石属于固体废弃物,其排放必须符合国家环保方面法律法规的要求,避免对周边环境造成污染。

(3)充分利用周边地形特点和与采场的相对位置关系,布设采场运输坡道及排土工作线,使汽车外排运距波动变化幅度控制在一定范围内,确保运输设备及人员数量的相对稳定。

(4)充分考虑周边矿山、村庄、草场与耕地、地面工业场地设施及道路交通等分布情况,应做到统筹兼顾,不占或少占草场、耕地,避离村庄,合理进行布局。

(5)考虑相邻矿山及矿权界限的影响。

(6)不压煤或少压煤,以确保资源的充分回收。

(7)考虑排土场基底工程地质条件与地形条件以及对排土场边坡的稳定影响。

二、排土场容量确定

排土场所需容量为

$$V = V_1 K_1 K_2$$

式中　V——排土场所需容量,Mm³;

　　　V_1——剥离总量(实方),Mm³;

K_1——最终松散系数，取 1.15；

K_2——排土场备用系数，取 1.10。

三、排土参数

1. 排土段高

排土段高要综合考虑露天矿所排物料岩石构成、排土作业安全、排土线数目、排土工作面数量及排土能力等要求进行选定。

2. 排土台阶坡面角

排土台阶工作坡面角根据排弃物料的组成，结合类似矿山的实际情况进行选取。

3. 最小排土工作平盘宽度及要素构成

最小排土工作平盘宽度由落石滚落安全距离宽度、汽车长度、调车宽度、道路通行宽度、卸载边缘安全距离等构成，见图 4-14。

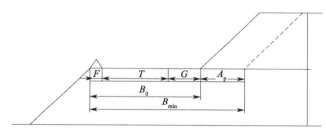

图 4-14　最小排土工作平盘构成要素图

最小排土平盘宽度计算公式为

$$A = C + 2(R + L) + F$$

式中　A——最小排土平盘宽度；

　　　C——落石滚落距离；

　　　R——汽车转弯半径；

　　　L——汽车长度；

　　　F——汽车后桥中心距排土台阶坡顶的距离。

4. 内排时采掘场底部最小沟底宽度及构成要素

露天矿内排土场的排土工作线与工作帮实施同步推进，其底部宽度主要考虑坑底煤层采选作业、排水作业、安全因素等，一般不小于 50 m。

第七节　复垦绿化设计

露天开采从地质环境方面来看对生态环境的扰动是显性的，部分矿山无序开采、违法开采、复垦率低、还地率低加速了对生态环境的破坏，这是造成露天开采各方面负面影响的主要原因。从矿产资源开发的角度来看，露天开采是最有利于生态重构的方式，通过合理的规划和科学的生态恢复,可以重塑原本沟壑纵横的地形地貌,彻底根除老采空区、自燃发火等地质灾害隐患,重塑后的土地通过土壤改良、植被恢复重新构建生态群落,带动地区生态环境和经济的绿色发展。

依据"防治为主、防治结合、边生产、边治理、边复垦""在保护中开发,在开发中保护""谁破坏,谁治理,谁损毁,谁复垦""合理布局、因地制宜、宜农则农、宜林则林"的原则,按照"统一部署、分步实施、划片治理"的思路,对露天煤矿土地复垦工作进行总体部署,植被恢复应当符合地方林草产业规划,复垦验收的土地在土壤性质、地形坡度、水土保持、灌溉设施等方面应当满足相应土地利用类型的标准要求。土地复垦工程从功能类别上分为土壤重构工程、植被重建工程和配套工程。

土地复垦工程尤其是回填工程(即排土工程)应与采剥工程统一规划,避免尾坑过大(即出现"大坑"现象),秉持"少外排、多内排"的观念,及时内排,到界回填,回填后的地形应有利于林木植被恢复,并与周边地形和自然景观相协调,土地复垦前应进行土地适宜性评价,针对特定复垦方向对复垦区损毁土地做出适应程度的判断分析,本着因地制宜、合理利用的原则,坚持矿区开发与保护、开采与复垦相结合,实现土地资源的永续利用,并与社会、经济、环境协调发展。

一、工程措施

1. 表土寄存

表土寄存是土地复垦时植被恢复的关键,必须合理计划表土寄存量并妥善寄存,防止岩石混入。表土寄存场地应满足地表承载力和周边环境安全的要求,远离湖泊、建筑物、铁路等易影响区域。

2. 回填平整工程

排土回填时应分层排弃,将大块岩料排弃在最底部,将易风化岩土排弃到上部,过程中注意岩块粒径的搭配,减小后期非均匀沉降。回填后根据复垦区地形及地势条件,采取土地平整措施,采用推土机、挖掘机等机械将区域内不平整的地块挖高填低进行平整,使复垦区域满足植被的种植要求。根据土地适宜性评价,对设计复垦为旱地、林地、灌木林地、人工牧草地的,应采用不同的覆土厚度;对建设光伏发电站、生态农场的,应按功能划区设计。

3. 平台与边坡

排土场边坡根据煤矿初步设计按照设计角度进行修整,修整后的边坡和平台覆盖一定厚度的表土;当排土场达到设计标高后将平台划分为 100 m×100 m 或 200 m×200 m 的方格网,网格内四周设置养护道路,并根据网格线布置主干养护道路和林间次干养护道路。平台整体应具有一定坡度的反坡并在平台边缘设置挡水围堰,以提高平台的蓄水能力和防止平台径流汇入边坡,平台及边坡应设置完善的集、排、蓄、用水系统,实现保水、保土、保肥。网格治理设计见图 4-15。

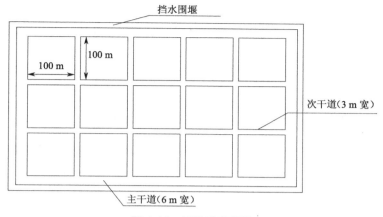

图 4-15　网格治理设计

二、生物措施

生物措施就是通过恢复植被来防风固沙,保持水土,涵养水源的措施,它是实现土地复垦的关键环节。

在网格内按照株行距种植林草植物,边坡采取沙柳沙障措施,沙障呈菱形状网格,网格内种植固沙作物,并播撒草籽。在满足林地占补平衡的基础上,平台四周的林地用作防风林。

在植物品种的选择上,应考虑区域年均气温、霜期、抗灾害性,同时结合区域的特殊自然条件,以乡土植物为主,选定种植植物。针对矿区自然条件,选择适应性较强的种植品种,适地适树,遵循生态演替规律,构建生态群落。植物品种选择的原则如下:

(1)乡土树种优先,选择适应环境强,易成活,耐旱、耐寒、耐酸碱的乡土作物;

(2)选择根系发达,对土壤具有改良作用,能固氮,并能快速生长的植物;

(3)选择具有生态效益和经济效益的树种。

三、生态恢复比

对于近水平露天煤矿,在形成内排后,露天矿推进过程是一个内排土场跟踪的过程,采排协调要实现露天煤矿生产及生态恢复的动态调控。矿山往往对生态破坏的重视程度不足,出现大面积、高强度超前剥离,生态恢复进度却很慢,恢复面积小,这就造成一定时间内土地破坏面积大于生态恢复面积,由此造成噪声污染、大气污染、水土流失等问题。结合近水平露天开采的规律,利用一定时间内土地开采面积与生态恢复面积的比值(即生态恢复化)对开采与生态恢复进行调控。

$$R = a/b$$

式中　　R——当期土地开采与生态恢复比值;

　　　　a——当期采场沿原始地形工作线推进形成的水平投影面积,m^2;

　　　　b——当期生态恢复水平投影面积,m^2。

　　近水平露天煤矿推进过程中,一定时间内采场开采面积与生态恢复面积尽量相同,或者保持恢复比 $R < 1$ 的状态,这种控制工作线推进与生态恢复面积的方法目的一是要加快生态恢复速度,二是要控制采场与排土场形成的土地破坏总面积。这里所述的一定时间是适宜植被种植的周期,该时期不包括矿建时期;生态恢复水平投影面积指的是达到生态恢复效果并经行业主管部门认定或验收通过后的范围。生态恢复比的意义在于将资源开发对矿区及周边生态环境扰动控制在最小范围,减轻资源环境承载压力。

第五章 露天煤矿采剥进度计划

第一节 采剥进度计划的编制

编制露天煤矿采剥进度计划的目的是确定一个技术上可行的、能够使矿床开采的总体经济效益达到最大的、贯穿整个矿山开采寿命期的矿岩采剥顺序。

依据每一计划期的时间长度和计划总时间跨度的不同,露天煤矿采剥计划可分为长远计划、短期计划和日常计划。

一、编制方法

目前国内已经利用三维矿业软件(如 3Dmine、Surpac、Whittle 和 Datamine 等)编制露天煤矿采剥进度计划,编制前需要准备如下资料:

(1)具有三维属性的矿区地形图、煤层储量估算图、钻孔柱状图等;

(2)开采要素,如矿权界、开采境界、用地范围、台阶参数、采区长度和最小工作平盘宽度、运输道路参数等;

(3)台阶推进方式、采场延深方式;

(4)挖掘机数量及其生产能力。

编制采剥进度计划遵循先全局后局部原则,在长远规划前提下制订年度采剥进度计划,主要工作包括确定各水平在各年末的工作线位置、各年的采剥量,具体步骤为:

第一步,确定年末工作线位置;

第二步,确定新水平投入生产的时间;

第三步,编制采剥进度计划表;

第四步,绘制露天煤矿采场年末综合平面图。

二、编制原则

(1)坚持合理的剥采比和正规的采掘次序,确保重点部位推进。

(2)以初步设计为基础,结合生产实际情况,将年度采剥计划与初步设计结合起来。

(3)做好新水平开拓延深工作,保持正常台阶数量稳定。

(4)保证露天煤矿开拓煤量和回采煤量的持续稳定。

（5）减少设备调动，保持合理的运距。

（6）保持生态恢复比的持续稳定。

（7）做好排土位置规划和容量的计算，保持采排安全距离。

第二节　3Dmine 矿业软件进度计划编制

随着采矿科技的发展，三维矿业软件集合地质、测量、采矿规划等综合信息，对矿产开发三维空间进行科学规划与管理，相比于二维软件在日常采矿管理中大大提高了效率与精准度，本节结合 3Dmine 矿业软件编制露天采矿计划，供同类矿山借鉴和推广。

一、国内外采矿计划软件应用现状

目前国内相当一部分露天煤矿仍采用 AutoCAD 或南方 CASS 软件编制进度计划，但用 AutoCAD 或南方 CASS 软件编制采矿计划不仅工作烦琐，而且算量方面误差较大，尤其是对于一些沟壑交错的地形。而发达国家的露天煤矿广泛采用三维矿业软件编制采矿计划，如 Northland 资源公司在瑞典和芬兰的大型露天铁矿和加拿大 Etruscan 资源公司在西非的露天金矿采用 Surpac 三维矿业软件进行采矿计划编制和境界优化等，DeBeers 和美国 Phelps Dodge 铜矿采用 Datamine 三维矿业软件进行采矿计划编制、生产控制等。三维矿业软件通过建立块体模型，根据块体模型中的地质信息编辑生产参数、推进线，快速生成采矿计划图并自动报量。随着先进的矿业软件被引进，国内一些矿业软件（诸如 Dimine、3Dmine、龙软 Gis）逐渐被一些高校、矿山企业应用，其中 3Dmine 矿业软件的矿产资源储量估算功能模块于 2014 年通过了中国矿业权评估师协会和国土资源部矿产资源储量评审中心的专家评审，并已经在国土资源部矿产资源储量司备案。

3Dmine 矿业工程软件通过基础建模及赋值可以在三维模型上通过设计斜坡道与圈定采掘带直接进行剥离与采矿预演，划定区域后，就可自动计算方量；如挂接地质模型，自动计算矿量和岩量，实现分矿种、分台阶单独计算与汇总；根据需要进行动态调整，每次调整，软件都会自动重新报量，并可快速更新露天计划图形。

采用 3Dmine 矿业工程软件制订月度采矿计划所需资料有年度采剥进度计划、采场月度验收图、煤层底板等高线图，由于 3Dmine 通过建模可自动计算矿量与岩量，不需要再准备地质分层平面图、各水平分层矿岩量表。

二、确定计划剥离量

对于近水平煤层，开采强度主要取决于水平推进速度 V，其计算式为

$$V = \frac{Nq}{Lh}$$

式中　N——全矿同时工作的挖掘机数，台；

　　　q——一台挖掘机年生产能力，t/a；

L——采场工作线总长度，m；

h——煤层平均厚度，m。

按工作线水平推进速度可能达到的矿石生产能力为

$$A_k = VML_m \rho \left(\frac{\eta}{\gamma} \right)$$

式中　M——矿体垂直厚度，m；

　　　L_m——采场内矿体长度，m；

　　　ρ——矿石密度，t/m³；

　　　η——矿石回收率，%；

　　　γ——废石混入率，%。

制订出年度总采剥计划后，根据挖掘机数量与台阶推进计划按照月度分解产量与剥离量。

三、3Dmine 矿业软件设计操作

采矿计划的设计必须在工程平面图的基础上建立，所以首要工作是形成工程平面图。将月度验收地形调入三维矿业软件 3Dmine 中，使用多线段对现状图坡顶、坡底等散点进行连线，最终形成由坡顶线、坡底线、平盘、道路等构成的具有三维属性的工程平面图（即采场现状图），如图 5-1 所示。

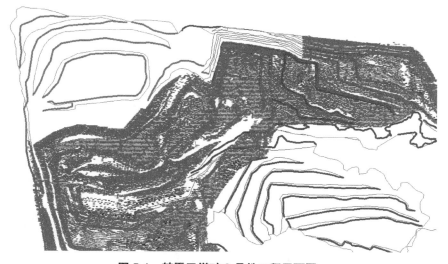

图 5-1　某露天煤矿 2 月份工程平面图

在 3Dmine 软件中将做好的工程平面图保存并调入煤层块体模型，然后定义采掘计划参数。采掘计划参数中对于回采顶部与底部选项不勾选，然后设置块体报告参数。块体报告参数的属性是煤层，对于赋存多层煤层矿山块体模型，如果有 6-1 煤、6-2 煤，由于块体模型支持模糊查询，属性设置为煤，即在设置参数矿石一栏选择煤，则 6-1 煤与 6-2 煤全部参与计算，3Dmine 软件中对于煤矿品位可设置为发热量，如图 5-2 所示。

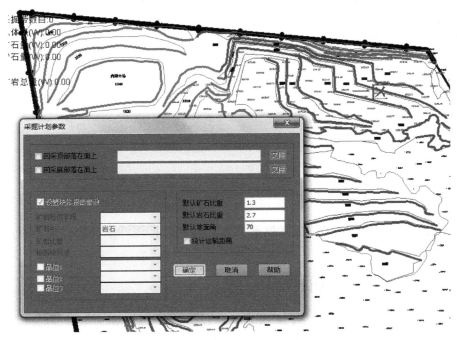

图 5-2   采掘计划参数设置

根据年计划或者矿山实际情况确定月计划采煤量及剥离量,在设定好的块体模型环境中圈定条带时,软件采用多边形选择集技术,自动捕捉设计线与相交的现状线,再通过Delaunay 三角网技术,快速生成回采设计的开挖体。3Dmine 短期计划自带"沿坡底切采掘带""沿坡底切斜坡道""开挖斜坡道"三个开采选项,如选择"沿坡底切采掘带",则圈定各台阶需要采剥的位置,并自动给出剥离量,直到选择的采掘带累加数值等于计划剥离量为止,如图 5-3 所示。

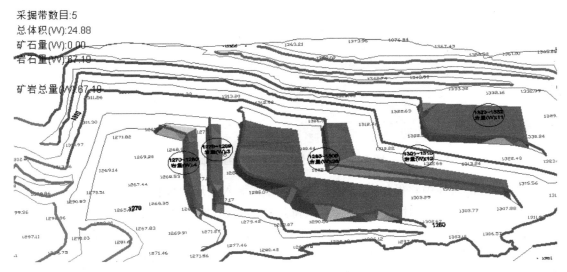

图 5-3   3 月份计划量调整图

当确定采掘带位置后,即可在 3Dmine 软件中选择"更新现状图"选项,即产生剥离量计划图,随着剥离台阶的推进,计划图还需要标出出煤范围及产量,如图 5-4 所示。

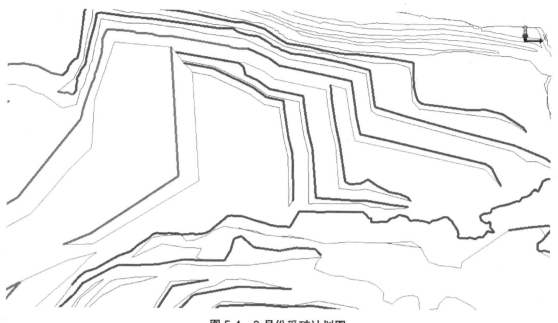

图 5-4　3 月份采矿计划图

露天煤矿规划设计内容应同时满足如下条件:①应编制规划设计说明书、规划设计图;②应有边坡稳定性力学分析设计;③应有开采境界的立体空间圈定;④应有露天开采程序和开采参数;⑤应有开拓运输系统设计;⑥应有符合行业规范的采剥台阶和排土台阶设计并与工程量相吻合;⑦各台阶应标注标高,煤岩量和工程设备应分类统计并标注。

第六章　露天煤矿生产剥采比均衡

露天开采的核心是采矿,采矿前需要剥离上部岩石。露天矿在建设期必须先剥离后采矿,在生产期必须边剥离边采矿;剥离永远为采矿服务,采矿为剥离创造新的空间;剥离与采矿必须保持一定的超前关系,两者的关系归结为 16 字工作方针,即"采剥并举、剥离先行、定点采剥、按线推进"。

露天矿用生产剥采比衡量和调整采剥关系,使得采剥关系按照一定的次序和节点去发展。

第一节　生产剥采比

一、生产剥采比的概念

生产剥采比是反映露天矿生产过程剥离和采矿关系的一项数量指标。

采剥台阶按照单一水平的发展程序来说,先开挖出入沟,然后掘开段沟、扩帮,直至推进至最终边帮;按照上下水平的发展程序来说,上一水平扩帮为下一水平掘沟提供条件,下一水平扩帮又必须以上一水平继续扩帮推进为前提。

一定时间内,若干个上下相邻的水平同时工作,这些工作台阶组成的边帮称为工作帮。工作帮的范围和位置随着矿山工程的发展而不断变化,因此生产剥采比的空间概念就是在一定的生产时期内,由于工作帮形态和位置的变化而相应采出的岩石量与矿石量之比,即

$$N_s = V_s / P_s$$

式中　N_s——生产剥采比;

　　　V_s——某生产时期剥岩量,t 或 m³;

　　　P_s——某生产时期采矿量,t 或 m³。

二、生产剥采比的表示方法

(1)用生产剥采比 n_s 与露天矿开采深度 H 之间的关系(即 $n_s = f(H)$)曲线表示。该图横坐标为露天矿开采深度和开采时间,纵坐标为矿岩量和剥采比,如图 5-5 所示。随着开采深度逐步增加,剥采比先由小变大,然后逐步变小,剥采比达到最大时即露天开采的剥离洪峰期。

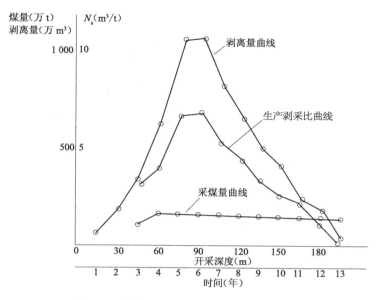

图 5-5　生产剥采比与开采深度的关系曲线

（2）用生产剥采比 N_s 随开采时间 T 而变化的关系曲线（即 $N_s = f(T)$）表示。剥采比在矿山生产初期较小，在中期达到最大，后期又逐渐减小。

（3）用矿岩量变化（即 $V = f(P)$）曲线表示。横坐标表示采出矿石的累计采出量，纵坐标表示岩石的累计剥离量。这一曲线反映了露天矿在不同开采深度下剥离量和采矿量的关系，其斜率就是生产剥采比，直线 OM 表示平均剥采比，如图 5-6 所示。

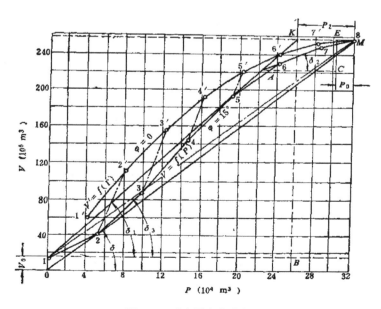

图 5-6　矿岩量变化曲线

第二节　均衡生产剥采比

均衡生产剥采比就是根据一定的矿山工程发展程序和生产剥采比的变化情况,经过合理调整,使之达到长时期基本稳定的剥采比。

生产剥采比的调整是通过改变开采程序和开采参数(包括改变台阶间相互位置、开沟段长度等)来实现的。但是,在设计时,通常在编制采剥进度计划之前就要初步计算和确定露天矿不同发展阶段的均衡生产剥采比,使编制计划时具有明确的目标。

一、均衡生产剥采比的原则

(1)服务年限较长的大中型露天矿按一期均衡,在开采技术上有困难时,可分期均衡。

(2)均衡后的生产剥采比变化幅度不宜过大,以充分利用设备生产能力和保持采、运、排设备的相对稳定。

(3)在矿山发展初期,生产剥采比一般较小,随时间推移各期的生产剥采比逐渐增大,最大生产剥采比均衡时期不宜过短。

(4)均衡后的生产剥采比应尽量接近自然剥采比,以减少超前剥离量,降低前期生产成本。

二、利用采剥关系发展曲线确定均衡生产剥采比

1. V-P 曲线

所谓 $V\text{-}P$ 曲线就是露天矿剥离量和采矿量的累计关系曲线。曲线上各点的斜率表示矿山工程在该时刻的生产剥采比。

$$N = \frac{\mathrm{d}V}{\mathrm{d}P} = f'(P)$$

式中　　N——生产剥采比,m³/t;

　　　　$f'(P)$——$V = f(P)$ 的一阶导数。

在露天矿生产作业过程中,一般存在两种情况:一种是采剥工程按最小工作平盘宽度 $B_{\min}$ 进行,即按最大工作帮坡角进行采剥作业;另一种是采剥工程只在一个台阶上进行,采剥完一个台阶后再采剥下一个台阶,工作平盘宽度达到最大值,而工作帮坡角达到最小。在这两种情况下,绘制相应的矿量关系曲线,找到均衡的生产剥采比。

2. 刀量切割

三维矿业软件刀量切割可以快速地完成年度工程位置定线和工程量计算,刀量切割实质上是利用三维矿业软件对露天煤矿的开采程序进行一次模拟,模拟前将工作线位置、推进方向以及工作帮坡角等技术参数输入软件,软件完成各目标阶段的刀量位置图和剥离推进面图以及相应的剥采比。刀量指的是刀位线,将一个三维矿床模型(即块体模型)按照工作计划和指定的角度分割成多个倾斜块层,分割的位置即到位线,分割的块层即刀量,刀量实

际上也指年度或者月度的采剥工程总量,用刀量切割对三维矿床模型比较直观地进行了初始进度计划的排序,如图 5-7 所示。

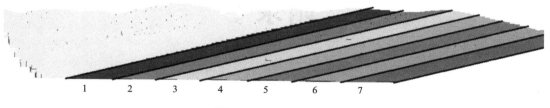

图 5-7　刀位线剖面图

假设露天煤矿按照 14° 工作帮坡角,以 150 万 t/a 的生产能力,工作帮向前推进,计算出 7 个阶段的刀量切割位置和工程量,然后利用 V-P 曲线进行剥采比均衡。

3. 经验系数法

当进行长远规划设计时,可以粗略地采用该方法进行生产剥采比的均衡。

$$N = CN_p$$

式中　N——生产剥采比;

　　　C——经验系数,一般为 1.1~1.7,可按相似矿山取值;

　　　N_p——扣除基建工程量后的平均剥采比。

附录 1

表 1-1 台阶参数统计表

参数	坡面角 α(°)	段高 H（m）	坡面水平投影长 H/tan α	坡面角 α(°)	段高 H（m）	坡面水平投影长 H/tan α
台阶参数	45	10	10	60	10	5.77
	50		8.39	65		4.66
	55		7	70		3.64

表 1-2 最终帮坡角参数统计表

参数	最终帮坡角 α(°)	段高 H（m）	坡面水平投影长 H/tan α	最终帮坡角 α(°)	段高 H（m）	坡面水平投影长 H/tan α
台阶参数	36	H	$H/0.73$	37	H	$H/0.75$
	38		$H/0.78$	39		$H/0.81$
	40		$H/0.84$	41		$H/0.87$
	42		$H/0.90$	43		$H/0.93$
	44		$H/0.97$	45		H

附录 2

表 2-1 滑坡抗滑稳定设计安全系数取值表（GB/T 38509—2020）

防治等级	设计	校核		
	工况 I	工况 II	工况 III	工况 IV
I 级	1.30	1.25	1.15	1.05
II 级	1.25	1.20	1.10	1.02
III 级	1.20	1.15	1.05	不考虑

表 2-2 边坡稳定系数 F（GB 50330—2013）

稳定安全系数 边坡工程安全等级 边坡类型		一级	二级	三级
永久边坡	一般工况	1.35	1.30	1.25
	地震工况	1.15	1.10	1.05
临时边坡		1.25	1.20	1.15

表 2-3 采场边坡工程安全等级划分（GB 51214—2017）

采场边坡工程 安全等级	边坡高度 H（m）	采场边坡地质条件复杂程度	生产规模
一级	>300	简单—复杂	大型
	300≥H>100	复杂	
二级	300≥H>100	中等复杂	中型
	≤100	复杂	
三级	300≥H>100	简单	小型
	≤100	简单—中等复杂	

表 2-4　排土场边坡工程安全等级划分（GB 51214—2017）

排土场边坡 工程安全等级	排土场边坡高度 H（m）	排土场基底地质条件 复杂程度
一级	>100	简单—复杂
	$100 \geqslant H > 50$	复杂
二级	$100 \geqslant H > 50$	中等复杂
	$\leqslant 50$	复杂
三级	$100 \geqslant H > 50$	简单
	$\leqslant 50$	简单—中等复杂

参考文献

[1] 赵浩,毛开江,曲业明,等.我国露天煤矿无人驾驶及新能源卡车发展现状与关键技术 [J].中国煤炭,2021,47（4）:45-50.

[2] 刘磊,郭二民,李忠华,等.加强"十四五"露天煤矿开采环境管理的建议 [J].中国煤炭, 2021,47（10）:61-66.

[3] 顾冬冬,王华,呼和.纳林庙灾害治理项目治理首区工作线长度优化 [J].露天采矿技术, 2018,33（4）:11-14.

[4] 李超.基于改进蚁群算法的露天矿运输系统优化研究 [D].阜新:辽宁工程技术大学, 2009.

[5] 王韶辉,才庆祥,刘福明.中国露天采煤发展现状与建议 [J].中国矿业,2014,23（7）: 83-87.

[6] 骆中州.露天采矿学:上册 [M].徐州:中国矿业大学出版社,1986.

[7] 孙金良.露天开采挖掘机采掘带宽度的确定和影响因素 [J].露天采矿技术,2013（4）: 48-49.

[8] 云庆夏.露天开采设计原理 [M].北京:冶金工业出版社,1995.

[9] 杨荣新.露天采矿学:下册 [M].徐州:中国矿业大学出版社,1990.

[10] 王建鑫.露天煤矿基于FLAC3D靠帮开采可行性方案 [J].露天采矿技术,2017,32 （9）:17-20.

[11] 白润才,王志鹏,王喜贤.基于FLAC3D软件的露天矿边坡稳定性分析与研究 [J].露天 采矿技术,2013（8）:1-2,5.

[12] 王建鑫.露天煤矿靠帮开采下的时效边坡稳定性分析 [J].露天采矿技术,2014（8）: 26-28.

[13] 韩流,舒继森,罗伟,等.分区开采露天煤矿边坡稳定性分析理论与实验研究 [M].徐州: 中国矿业大学出版社,2017.

[14] 才庆祥,周伟,舒继森,等.大型近水平露天煤矿端帮边坡时效性分析及应用 [J].中国矿 业大学学报,2008（6）:740-744.

[15] 煤炭工业露天矿设计规范:GB 50197—2015[S].北京:中国计划出版社,2015.

[16] 国家发展和改革委员会.煤炭产业政策 [J].煤炭加工与综合利用,2008（2）:1-4.

[17] 章永龙.Dijkstra最短路径算法优化 [J].南昌工程学院学报,2006（3）:30-33.

[18] 王建鑫.线性规划在露天煤矿运输规划中的应用 [J].露天采矿技术,2021,36（5）:

51-54.

[19] 吴祈宗 . 运筹学 [M]. 北京：机械工业出版社，2009.

[20] 于汝绶 . 露天矿设计理论的新发展 [J]. 中国矿业大学学报，2003，32（ 1 ）：1-7.

[21] 王建鑫，侯星野 . 宝利露天煤矿致密岩层爆破参数优化设计 [J]. 露天采矿技术，2013
（ 3 ）：13-14，18.

[22] 陈国山 . 露天采矿技术 [J]. 北京：冶金工业出版社，2008.

[23] 王德胜，龚敏 . 露天矿山台阶中深孔爆破开采技术 [M]. 北京：冶金工业出版社，2007.

[24] 刘文会，智镜涛，周学联，等 . 对爆破参数 W_n、W_d、a、h_c 及 L_z 的初步探讨 [J]. 金属矿山，
1980（ 2 ）：20-23，13.

[25] 郭清川，王建鑫 . 多自由面孔内外延期分段微差减震爆破技术 [J]. 露天采矿技术，2016，
31（ 6 ）：38-40，45.

[26] 赵新涛 . 爆破震动机理及爆破震动效应控制的研究 [D]. 南宁：广西大学，2006.

[27] 吴腾芳，王凯 . 微差爆破技术研究现状 [J]. 爆破，1997（ 1 ）：53-57.

[28] 吴德伦，叶晓明 . 工程爆破安全振动速度综合研究 [J]. 岩石力学与工程学报，1997（3）：
67-74.

[29] 朱传云，卢文波，董振华 . 岩质边坡爆破振动安全判据综述 [J]. 爆破，1997（ 4 ）：13-17.

[30] 王青，史维祥 . 采矿学 [M]. 北京：冶金工业出版社，2011.

[31] 于汝绶 . 露天采矿优化理论与实践 [M]. 北京：煤炭工业出版社，2004.

[32] 蔡美峰 . 岩石力学与工程 [M]. 北京：科学出版社，2002.

[33] 张永兴 . 岩石力学 [M]. 北京：中国建筑工业出版社，2004.

[34] 王建鑫 . 露天煤矿排土场不同土岩比情况下边坡稳定性分析 [J]. 露天采矿技术，2016，
31（ 7 ）：18-21，25.

[35] 史秀志，陈小康，曾志林 . 极限平衡法与 FLAC3D 在边坡稳定分析中的应用对比 [J]. 现
代矿业，2009，25（ 3 ）：34-36.

[36] 王瑞雪 . 武家塔露天煤矿采空区顶板安全厚度研究 [D]. 阜新：辽宁工程技术大学，
2012.

[37] 赵登娟，傅新华，徐君 . 平朔东露天矿采空区上覆岩层安全厚度研究 [J]. 露天采矿技术，
2016，31（ 4 ）：40-44.

[38] 肖拯民 . 用摩根斯坦—普赖斯法分析滑坡体的稳定性 [J]. 工程勘察，1989（ 1 ）：16-20.

[39] 胥孝川，顾晓薇，王青，等 . 露天煤矿最终境界优化实用算法 [J]. 东北大学学报（自然科
学版），2013，34（ 5 ）：715-718.

[40] 余文章，戴晓江 . 基于 3DMINE 软件系统的露天矿境界优化研究及应用 [J]. 矿冶，
2011，20（ 4 ）：25-29，37.

[41] 王建鑫 . 3Dmine 矿业软件在露天采矿计划中的应用 [J]. 露天采矿技术，2017，32（ 11 ）：
68-71，74.

[42] 建筑边坡工程技术规范：GB 50330—2013[S]. 北京：中国建筑工业出版社，2014.

[43] 赵浩山 . 有夹矸的煤层采用厚度计算方法探讨 [J]. 西部探矿工程，2016，28（3）：136-137，142.

[44] 罗明扬 . 地质与矿山地质学 [M]. 北京：冶金工业出版社，1993.

[45] 王青，顾晓薇，胥孝川 . 露天矿开采方案优化：理论、模型、算法及其应用 [M]. 北京：冶金工业出版社，2018.

[46] 牛成俊 . 现代露天开采理论与实践 [M]. 北京：科学出版社，1990.

[47] 周紫辉，永学艳，陈振超，等 . NPV 法在露天矿山生产规模确定中的应用 [J]. 现代矿业，2018，34（4）：5-10.

[48] 中华人民共和国应急管理部，国家矿山安全监察局 . 煤矿安全规程 [M]. 北京：应急管理出版社，2022.

[49] 张克恭，刘松玉 . 土力学 [M]. 北京：中国建筑工业出版社，2001.